Docker編配的奧義
Orchestrating Docker

Linux的新一代虛擬化輕量雲端應用執行容器
輕鬆加快開發工作，有效管理並簡化部署應用程式流程

U0086641

Shrikrishna Holla 著 / 湯秉翰 譯

博碩文化

作　　者：Shrikrishna Holla
譯　　者：湯秉翰
責任編輯：Cathy
行銷企劃：黃譯儀

發 行 人：詹亢戎
董 事 長：蔡金崑
顧　　問：鍾英明
總 經 理：古成泉

出　　版：博碩文化股份有限公司
地　　址：221 新北市汐止區新台五路一段 112 號 10 樓 A 棟
　　　　　電話 (02) 2696-2869 傳真 (02) 2696-2867
郵撥帳號：17484299　戶名：博碩文化股份有限公司
博碩網站：http://www.drmaster.com.tw
讀者服務信箱：DrService@drmaster.com.tw
讀者服務專線：(02) 2696-2869 分機 216、238
(周一至周五 09:30 ～ 12:00；13:30 ～ 17:00)

版　　次：2015 年 7 月初版

建議零售價：新台幣 280 元
I S B N：978-986-434-034-7
律師顧問：永衡法律事務所 吳佳憓律師

本書如有破損或裝訂錯誤，請寄回本公司更換

國家圖書館出版品預行編目資料

Docker 編 配 的 奧 義 / Shrikrishna Holla 作
; 湯秉翰譯 . -- 初版 . -- 新北市：博碩文化，
2015.07
　　面；　公分
譯自：Orchestrating Docker
ISBN 978-986-434-034-7(平裝)

1. 作業系統

312.54　　　　　　　　　　　104011930

Printed in Taiwan

博碩粉絲團　歡迎團體訂購，另有優惠，請洽服務專線
(02) 2696-2869 分機 216、238

關於作者

Shrikrishna Holla 是一名生活在印度班加羅爾與清奈的全方位開發人員，喜愛單車、音樂與不時地繪畫，你會經常看他穿著帽T、喝著紅牛出現在駭客松，為熬夜做準備。

他目前在 Freshdesk 公司任職產品開發員，這是個以雲端為主的客戶支援平台。

你可以在 Twitter(@srikrishnaholla) 聯繫到他，或在 Docker IRC 頻道 (Freenode 的 #docker) 搜尋 shrikrishna。

我想要感謝 Docker 的創造者們，如果沒有他們，這本書不會問世。也感謝本書的編輯 Parita 與 Larissa，在這漫長的過程中不斷給予支援與幫助。感謝我的父母，你們一直以來都是我的靈感來源，就像黑暗中的一道光線。謝謝我的姐妹們，在我憂愁時給予我撫慰的建議。感謝我的老師們，幫助我找到人生的路徑並去除煩擾。感謝無數給我鼓舞、建議與回饋的朋友們，沒有你們我無法完成這本書，對於我的讀者們，謝謝你們如此相信我，並如此地好學不倦。

關於審閱者

Amit Mund 從 2004 年以來一直致力於 Linux 與其他自動化與基礎建設的技術，他目前任職於 Akamai Technologies，與 Amazon、Yahoo 的網站代管團隊合作過。

> 我要感謝我的家人、在 Bhawanipatna 的良師益友、我的朋友與同事們，一直在我事業的學習與開發的路程中幫助我。

Taichi Nakashima 是一位生活在東京的網頁開發與軟體工程師，他也是個部落客並喜愛 Docker、Golan 與 DevOps。Taichi 也是 OSS 的貢獻者，你可在以下網址找到他的作品：https://github.com/tcnksm。

Tommaso Patrizi 是個 Docker 的粉絲，從 Docker 開始發行時就開始使用這個技術，自從 0.6.0 版開始就在線上環境中使用 Docker 了，並打算使用 Docker 與 Open vSwitch 部署一個基礎型的私人化平台即服務（PaaS）。

Tommaso 是個熱衷於 Ruby 與 Ruby on Rails 的程式設計師，致力於簡單化，想在程式效能、維護性與精簡之間找到完美的融合點，目前正在學習 Go 語言。

Tommaso 也是名系統管理員，有著許多廣泛的知識，如作業系統（Microsft、Linux、OSX、SQL Server、MySql、PostgreSQL 與 PostGIS）、虛擬化與雲端技術（vSphere、VirtualBox 與 Docker）。

譯者序

在 Docker 問市之前，譯者多年使用 OpenVZ 架設 VPS 的經驗，對於利用 Linux 核心建立隔離的虛擬執行環境的技術，有很大的興趣。當 Docker 在虛擬環境與雲端的領域一下子變得火紅時，也開始使用 Docker 解決雲端類型專案的需求，在翻譯本書之前，一直是 Docker 的使用者。

這本書很適合使用過 Linux 的人且想要快速體會 Docker 帶來革命性的創新技術，由目前 Google、Amazon、RedHat 等大型國際公司參與的情形來看，它就是明日之星無誤，本書非常的實用，可成為書架上不斷會去翻閱的一本書。

很榮幸能擔任本書的翻譯之職，但在興奮之於，也擔心是否能把作者想表達的學習方式正確地描述，書中有些資訊名詞有時無法以短一點的中文表達，我會儘可能以較適當的名詞來說明，希望讀者能意會出該名詞的用意。在此感謝筆者的朋友們，不論是專案知識上、精神上的支持，也希望本書對於好學不倦的你，能有所助益。

湯秉翰
2015

序

這是一本有關Docker的書，Docker是Linux的新一代容器技術，本書提供如何使用Docker以加快開發工作，並簡化部署應用程式的繁複流程。

本書將演示如何使用比虛擬機器更少的資源，將你的應用程式建置在隔離的Docker容器，並讓它能在開發機器、私人伺服器，甚至雲端或任何地方執行，並建置一個以平台即服務（PaaS）雲端系統、部署一個叢集伺服器群等。

本書的內容

第一章，Docker開箱，教你如何取得並在你的環境中執行Docker。

第二章，Docker命令列指令與Dockerfile，幫助你適應Docker命令列工具，並撰寫Dockerfile以開始建置自己的容器。

第三章，設定Docker容器，介紹如何控制與配置容器，以實現細部的資源管理。

第四章，自動化與最佳練習，涵蓋各種能夠幫助管理容器的技術，統籌如supervisor、服務探索與有關Docker安全知識。

第五章，Docker的好友們，展示在Docker周圍的世界，介紹使用Docker的開放源碼專案，讓你可以建置自己的PaaS，並使用CoreOS部署叢集。

本書的學習條件

本書內容預期讀者使用過Linux與Git，但新手也不需要擔心，執行書中的範例指令並不困難，不過，需要有管理者權限才能在你的作業系統中安裝Docker，而Windows與OSX的使用者則需要安裝VirtualBox。

本書的適用對象

不論你是名開發人員、系統管理員或在這之間的任何角色，本書將指引你使用Docker來建置、測試、部署你的應用程式，並讓這些工作更簡單、甚至更有趣。

從安裝開始，本書將帶領你認識所有需要啟動容器的指令，接下來將介紹如何建置自己的應用程式，跟著步驟來調整這些容器所使用的資源，最後以管理一個Docker容器的叢集作為結束。

透過依序操作每個章節所介紹的步驟，你將可以快速地具有操控Docker的能力，無須花費不眠之夜，即可將你的應用程式送達目的地。

慣例

在本書內容中，你會發現使用了一些樣式字體來與一般文字做區隔，以下是幾個樣式的範例，再加以說明它們的意義。

程式碼、資料庫的表格名稱、目錄名稱、檔案的副檔名、路徑名稱、網址、由使用者所輸入的字與Twitter用字等，其使用字體如下範例："我們可以使用ENV命令來設定環境變數"。

程式碼區塊如下所示：

```
WORKDIR code.it
RUN     git submodule update --init --recursive
RUN     npm install
```

每一個命令列輸入或輸出會如下呈現：

```
$ docker run --d -p '8000:8000' -e 'NODE_PORT=8000' -v
'/var/log/code.it:/var/log/code.it' shrikrishna/code.it .
```

新名詞與**重要文字**會使用加粗字體，包括顯示在螢幕上的選單或對話框，例如"在檔案庫中點擊**Settings**"。

 注意

警告或重要的註解顯示在像這樣的框內。

 提示

提示與小技巧像這樣。

讀者回饋

一直以來，我們都歡迎讀者的回饋，讓我們知道你對這本書的看法，什麼是你喜歡的，什麼是你不喜歡，對於我們在開發新的領域來說，讀者的回饋是很重要的。

回饋可以寄送電子郵件至 feedback@packtpub.com，並在信件標題中寫一下本書的書名。

如果有些領域是你所專長的，而且你對於寫書有興趣，請參考我們的作者指南：www.packtpub.com/authors。

客戶支援

現在你是 Packt 圖書的尊貴讀者，我們有一堆讓你覺得物超所值的東西。

下載本書範例程式

使用你在 http://www.packtpub.com 網站中的帳號，可以取得所有你所購買 Packt 出版書籍的範例程式，如果你是在其他地方購買的，可開啟網址 http://www.packtpub.com/support，註冊後我們會將檔案以電子郵件寄送給你。

下載本書的彩色圖檔

我們也提供本書中的彩色擷圖、圖示的 PDF 檔案，彩色的圖檔可更瞭解輸出時的變化，你可到以下網址下載：https://www.packtpub.com/sites/default/files/downloads/B02634_4787OS_Graphics.pdf。

勘誤表

雖然我們盡力確保內容的正確性，但難免會有錯誤，如果你發現本書中的錯誤－可能是文字或程式碼，我們將很感謝你的回報，這麼做可以減少其他讀者的挫折，並幫助我們改進本書的後續版本，請至 http://www.packtpub.com/ submit-errata 提交勘誤，選擇書籍後點擊 Errata Submission Form 連結，再輸入勘誤的詳細資料，一旦你送交的勘誤經過確認並接受，就會被送至我們網站的勘誤表中，會顯示在該本書籍的勘誤區。

如果想查看已送交的勘誤，請至 https://www.packtpub.com/books/ content/support，並在搜尋列上輸入書名，勘誤資料會顯示在 Errata 區。

盜版

網路上的盜版行為對於各類媒體是一直存在的問題，對 Packt 來說，我們對於保護我們的的版權與授權非常重視，倘若你有在網路上發現任何非法的複製行為，請立即提供我們地點或網站名稱，好讓我們能尋找補救辦法。

請利用 copyright@packtpub.com 並提供可疑盜版物的連結。我們很感謝你幫忙保護我們的作者與帶給你更有價值的內容。

問題

如果你對本書有任何方面的問題，可以將問題寄送到 questions@packtpub.com，我們將盡全力解決。

Contents 目　錄

## 第 1 章

Docker 開箱

本章涵蓋主題如下

- 介紹 Docker

- 安裝 Docker

- Ubuntu（14.04 與 12.04）

- Mac OSX 與 Windows

- OpenStack

- 從頭開始：在 Docker 中建立 Docker

- 確認安裝：印出 Hello World

1.1 介紹 Docker

Docker 是一個輕量化的容器技術，近年來逐漸廣泛地受到重視，Docker 所使用的是 Linux 核心的技術，如 namespaces、cgroups、AppArmor profiles 等，以建置一個隔離的虛擬環境。

在本章您將會學習到如何在不同平台中安裝 Docker，包括開發時期與上線的系統環境，對於 Linux 系統來說，安裝已經可以使用 apt-get install 或 yum install 指令就能完成，但對於如 OSX 與 Windows 系統，則就需要安裝由 Docker 公司提供的 **Boot2Docker** 工具，它會在系統中安裝一個由 **VirtualBox** 執行的 Linux 虛擬機器，安裝完成後就可透過通訊埠 2375 控制在虛擬機器內的 Docker，此埠號已通過 **IANA 組織 (Internet Assigned Numbers Authority)** 的核定。

在本章的最後，您將會在系統安裝並確認 Docker 的運作，包括了開發時期或上線環境。

Docker 是由 DotCloud 公司（目前更名為 Docker 公司）所開發，一開始是公司的**平台即服務 (PaaS)** 架設的基礎，然而當他們發現對 Docker 有興趣的開發者不斷地增加時，隨即釋出 Docker 成為開放源碼並公開表示要全心投入 Docker 技術，而這也代表 Docker 將有持續的支援與改進。

雖然市場上早已有許多提供佈署應用程式的工具，有些甚至也很容易設定，但沒有一個像 Docker 擴展之如此快速，主要原因是它的跨平台本質與拉近了開發者與系統管理者之間的距離。讓不論是在任何系統執行的 Docker 容器都能相同地運作，包括 Windows、OSX 或 Linux。這是極強大的，它實現了 write-once-run-anywhere 的工作流程，Docker 容器確保了這些應用程式的執行結果是相同的，不論在開發者的電腦、伺服器、虛擬機器、資料中心或雲端，過去在開發者的機器上能夠執行卻不能在伺服器執行的情形不再復見。

這使得開發者能全心專注在開發應用程式，讓它能在容器中執行，然而系統管理者們只需確保容器運行，而一個可靠的技術就能簡化程式碼的管理與佈署工作。

但是，難道虛擬機器不是已經提供這些功能了嗎？

虛擬機器（Virtual Machines，VMs）是完全虛擬化的（virtualized），這代表一台伺服器中的虛擬機器互相之間共享的資源很少，而且每一個虛擬機器都必須擁有並占用一套資源。雖然這讓我們能個別調整設定每台虛擬機器，但也使用了系統中大量的資源與執行重複的行程（因為每台都需要執行自己的系統行程），而造成了效能上的瓶頸。

相對的，Docker使用容器技術，將行程隔離並讓行程自認在獨立的系統中執行，但這行程仍然是在系統的核心中執行，共用同一個核心資源。Docker使用多層增量複製的檔案系統 **AUFS（Another Unionfs）**，讓多個容器共用部份檔案系統。當然，越多的共用代表著越難隔離，但由於Linux行程管理的強大技術，如namesspaces與cgroups，使得Docker可以達到如虛擬機器的隔離功能，但又能使用較少的資源。

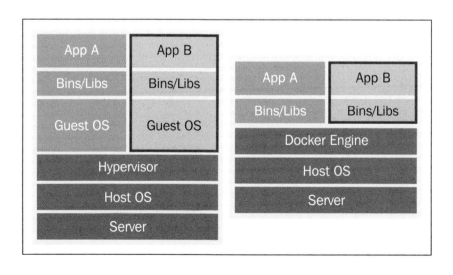

上圖是Docker與虛擬機器的比較，容器共同主機的資源與行程，而每個虛擬機器都必須執行獨立的作業系統。

1.2 安裝 Docker

Docker在各大Linux發行版本中都能使用標準套件軟體庫安裝，我們將在Ubuntu 14.04與12.04、Mac OSX與Windows中安裝Docker，如果讀者目前使用其他的作業系統，可參考以下網址：`https://docs.docker.com/installation/#installation`說明進行安裝。

在 Ubuntu 中安裝 Docker

Ubuntu從12.04版開始支援Docker，請記住執行Docker需要64位元的作業系統環境，現在就帶領大家進入Ubuntu 14.04的Docker安裝過程。

Ubuntu Trusty 14.04 LTS 安裝 Docker

Ubuntu的套件軟體庫中已內建Docker，套件名稱為「docker.io」：

```
$ sudo apt-get update
$ sudo apt-get -y install docker.io
```

就這麼簡單，您已經在系統中安裝了Docker，只是執行指令改為「docker.io」，而不是原本的「docker」。

 注意

套件名稱docker.io因為與另一個KDE3/GNUME3相關的套件名稱docker衝突，如果您仍然想使用docker指令，可在 /usr/local/bin 目錄下自行建立符號連結，指令如下，第二行目的是加入docker指令的自動完成功能：

```
$ sudo ln -s /usr/bin/docker.io /usr/local/bin/docker
$ sudo sed -i '$acomplete -F _docker docker' \
> /etc/bash_completion.d/docker.io
```

Ubuntu Precise 12.04 LTS 安裝 Docker

Ubuntu 12.04 使用較舊的核心版本 (3.2)，與部分 Docker 所依賴的功能不相容，因此我們必須先昇級：

```
$ sudo apt-get update
$ sudo apt-get -y install linux-image-generic-lts-raring linux-
headers-generic-lts-raring
$ sudo reboot
```

昇級後的核心即具備 AUFS 功能，這也是執行 Docker 的必要環境需求。現在可以開始安裝了：

```
$ curl -s https://get.docker.io/ubuntu/ | sudo sh
```

1. 這個 curl 的腳本指令，首先請檢查系統中的 **APT (Advanced Package Tool)** 是否支援 https 網域，如果不支援，則請立即安裝 apt-transport-httpd 套件：

   ```
   # Check that HTTPS transport is available to APT
   if [ ! -e /usr/lib/apt/methods/https ]; then  apt-get
   update  apt-get install -y apt-transport-https
   fi
   ```

2. 接著加入 Docker 檔案庫的金鑰：

   ```
   $ sudo apt-key adv --keyserver hkp://keyserver.ubuntu.com:80
   --recv-keys 36A1D7869245C8950F966E92D8576A8BA88D21E9
   ```

 提示

可能會遇到有關套件不被信任的警告訊息，請輸入 yes 以繼續安裝。

5

3. 最後腳本會將 Docker 檔案庫加入到 APT 的安裝來源清單，並更新及安裝
   `lxc-docker` 套件：

```
$ sudo sh -c "echo deb https://get.docker.io/ubuntu docker main\
> /etc/apt/sources.list.d/docker.list"
$ sudo apt-get update
$ sudo apt-get install lxc-docker
```

注意

Docker 在 0.9 版之前使用的是 LXC 技術，所以無法安裝在 OpenVZ 中的虛擬機器上，但從 0.9 版開始，就將其整合進 Docker 核心內了，這也讓 Docker 可以使用許多隔離工具，如 LXC、OpenVZ、systemd-nspawn、libvirt-lxc、libvirt-sandbox、qemu/kvm、BSD Jails、Solaris Zones 甚至 chroot。然而，執行時預設仍是使用 Docker 內帶的容器引擎，稱之為 **libcontainer**，它是一個獨立且直接存取核心容器 API 的 Go 函式庫。

若需要使用其他的容器引擎，例如：LXC，可以在執行時加上 -e 選項，如：

```
$ docker -d -e lxc
```

現在我們已安裝好 Docker，但提醒讀者，**APT** 軟體庫的更新頻率並不比 Docker 這個新一代的軟體快，因此建議保持 Docker 更新為最新版本。

更新 Docker

我們雖然可以等到 APT 檔案庫更新後才更新 Docker，但其實有另一個方式是從原始碼開始編譯 Docker，而這種方式即可名為「從頭開始：在 Docker 中的 Docker」，其建議將 Docker 的版本更新至最新，因為更新的版本往往解決了安全問題與錯誤的修正。因此，在本節範例中假設 Docker 最新版本為 1.0 以上，而 Ubuntu 標準套件檔案庫仍然是較舊的版本。

Mac OSX 與 Windows

運行 Docker 必須依賴 Linux 核心，所以必須要有一個 Linux 的虛擬機器可以在裏面安裝 Docker 並使用它，Boot2Docker 是由 Docker 公司提供的協助工具，它會協助安裝一個專門執行 Docker 的輕量 Linux 虛擬機器，同時也有一個用戶端工具，提供與 Docker 相同的 **API（Application Program Interface）**，可連接到在 VM 中執行的 Docker，並讓我們以 OSX 或 Windows 的命令提示字元介面（或終端機）就能控制 Docker。以下是安裝 Boot2Docker 的步驟：

1. 連結以下網址：`http://boot2docker.io`，並依照您的作業系統選擇下載最新版的 Boot2Docker。

2. 安裝畫面如下：

3. 執行安裝檔，安裝 VirtualBox 與 Boot2Docker 管理工具。

第一次執行 Boot2docker 時會要求輸入 **SSH（Secure Shell）** 的密碼，接著會連接至 VM 中的 shell，如果需要的話會自動啟動一個新的 VM。

此外，也可以直接在終端機中執行 boot2docker 指令：

```
$ boot2docker init # First run
$ boot2docker start
$ export DOCKER_HOST=tcp://$(boot2docker ip 2>/dev/null):2375
```

boot2docker init 只需要執行一次，它會詢問 SSH 連線的密碼設定，且會在之後的連線指令 boot2docker ssh 中使用這個密碼。

完成初始化 Boot2Docker 之後，即可使用 boot2docker start 啟動 VM，或 boot2docker stop 停止 VM。

DOCKER_HOST 是一個環境變數，幫助用戶端工具知道 Docker 在那個主機 IP，並使用通訊埠轉送規則（port forwarding rule）連接至 VM 的 2375 port，每次執行 Docker 前必須先在終端機中設定這個環境變數。

> **注意**
>
> Bash 允許在指令中使用 `` 或 $() 這類先行指令，在符號內的指令會先被執行後，再將結果置換到指令符號中。

如果您喜歡自行控制 Boot2Docker，則其預設的使用者名稱為 docker，密碼為 tcuser。

boot2docker 管理工具提供以下指令：

```
$ boot2docker
Usage: boot2docker [<options>] {help|init|up|ssh|save|down|poweroff|reset
|restart|config|status|info
|ip|delete|download|version} [<args>]
```

如果在執行 boot2docker 時出現以下錯誤訊息：Post http:///var/run/docker.sock/v1.12/containers/create: dial unix/var/run/docker.

sock: no such file or directory，此代表未設定 DOCKER_HOST 環境變數，
OSX 使用者可將以下內容加入到 .bashrc 或 .bash_profile 設定檔中：

```
alias setdockerhost='export DOCKER_HOST=tcp://$(boot2docker ip
2>/dev/null):2375'
```

之後，如果執行 boot2docker 時出現上述的錯誤訊息時，請直接執行以下指令即
可：

```
$ setdockerhost
```

上圖顯示成功以 boot2docker 指令連接至 VM 中的 Docker。

更新 Boot2Docker

1. 從 http://boot2docker.io 下載最新版的安裝檔。

2. 執行安裝檔，即可更新 VirtualBox 與 Boot2Docker 管理工具。

若只想更新目前的 VM，可在終端機中執行以下指令：

```
$ boot2docker stop
$ boot2docker download
```

1.3 OpenStack

OpenStack 是一個開放的自由軟體，它允許你設定一個雲端平台，主要用途是佈署一個公開或私人的**架構即服務 (IaaS)** 的雲端服務。包含了有關雲端設定的相關子專案，如運算排程、金鑰鏈管理、網路管理、儲存管理與系統儀表等。

Docker 可成為 OpenStack Nova 運算套件的 Hypervisor，OpenStack 從 **Havana** 版本（第8版）開始支援 Docker。

但… 如何做到？

Nova 運算套件中的 Docker 驅動，內嵌了一個小型的 HTTP 伺服器，透過 **UNIX** 的 **TCP** 連線與 Docker 引擎內的 **REST（Representational State Transfer）API** 溝通。

Docker 有自己的映像檔（image）檔案庫，稱為 Docker-Registry，它可以被放入 Glance（OpenStack 的映像檔管理套件）中，便可進行取出或送入 Docker 的映像檔。Docker-Registry 可以採一個 Docker 容器方式執行，或以獨立模式執行。

以 DevStack 安裝

如果你使用 DevStack 來安裝設定 OpenStack，則該設定對使用 Docker 就更為簡單了。

在執行 DevStack 的 `stack.sh` 腳本之前，請先在 `localrc` 檔中設定其 **virtual driver** 選項為 Docker：

```
VIRT_DRIVER=docker
```

接著在 `devstack` 目錄下執行 Docker 安裝腳本，在過程中需要 `socat` 工具（通常在 `stack.sh` 腳本中會安裝），假如你沒有 `socat` 工具，請執行以下指令安裝：

```
$ apt-get install socat
$ ./tools/docker/install_docker.sh
```

最後，在devstack目錄中執行stack.sh腳本指令：

```
$ ./stack.sh
```

在 OpenStack 中手動安裝 Docker

而如果你已經有了OpenStack，即可以手動安裝Docker：

1. 首先，依據Docker的安裝程序進行安裝。

   如果你要在Glance服務中安裝docker，請執行以下指令：

   ```
   $ sudo yum -y install docker-registry
   ```

   接著在/etc/sysconfig/docker-registry目錄中，執行以下指令設定
   REGISTRY_PORT和SETTINGS_FLAVOR環境變數：

   ```
   $ export SETTINGS_FLAVOR=openstack
   $ export REGISTRY_PORT=5042
   ```

   而在docker登錄檔中，需要指定OpenStack的驗證變數，如以下指令：

   ```
   $ source /root/keystonerc_admin
   $ export OS_GLANCE_URL=http://localhost:9292
   ```

   /etc/docker-registry.yml設定中，預設本地或其他的storage_path
   為/tmp目錄，此時需要修改為一個較固定的目錄位置，指令如下：

   ```
   openstack:
      storage: glance
      storage_alternate: local
      storage_path: /var/lib/docker-registry
   ```

2. 為了讓**Nova**運算單位能透過本地socket與Docker溝通，請將nova加入
   docker群組，並重啟compute服務以啟用變更，指令如下：

```
$ usermod -G docker nova
$ service openstack-nova-compute restart
```

3. 若 Redis 服務未啓動，請啓動 Redis（Docker Registry 在使用）服務，指令如下：

```
$ sudo service redis start
$ sudo chkconfig redis on
```

4. 最後，啓動 docker-registry 服務，指令如下：

```
$ sudo service docker-registry start
$ sudo chkconfig docker-registry on
```

Nova 設定

Nova 運算單元必須設定成使用 virt 的 Docker 驅動。

請修改 /etc/nova/nova.conf 設定檔，加入以下選項：

```
[DEFAULT]
compute_driver = docker.DockerDriver
```

另外，如果你想使用自定的 Docker-Registry，並傾聽 5042 以外的埠號，可修改選項：

```
docker_registry_default_port = 5042
```

Glance 設定

Glance 映像檔管理套件必須設定可支援 Docker 容器格式，請直接將 docker 加入到容器設定選項中：

```
[DEFAULT]
container_formats = ami,ari,aki,bare,ovf,docker
```

提示

保留預設格式以避免影響原本 Glance 的運行。

Docker 與 OpenStack 的流程

當完成 Nova 使用 docker 的驅動設定後，執行流程與其他的驅動相同：

```
$ docker search hipache
Found 3 results matching your query ("hipache")
NAME                            DESCRIPTION
samalba/hipache                 https://github.com/dotcloud/hipache
```

為映像檔加入 Docker-Registry 位置標籤後，再 push：

```
$ docker pull samalba/hipache
$ docker tag samalba/hipache localhost:5042/hipache
$ docker push localhost:5042/hipache
```

push 將引導至一個檔案庫：

```
[localhost:5042/hipache] (len: 1)
Sending image list
Pushing repository localhost:5042/hipache (1 tags)
Push 100% complete
```

在此例中，Docker-Registry（其在 Docker 容器中執行，並對應埠號 5042）將映像檔 push 到了 Glance。這樣一來，Nova 即能取得且可以使用 Glance **命令列指令（Command-Line Interface，CLI）** 來驗證映像檔了：

```
$ glance image-list
```

 注意

只有 Docker 容器格式的映像檔才能開機啟動，映像檔內基本上是容器檔案系統的 tarball 檔。

你可以使用 nova boot 命令啓動容器：

```
$ nova boot --image "docker-busybox:latest" --flavor m1.tiny test
```

 提示

> 這個指令將會設定在映像檔中，每個容器映像檔都會有個啓動指令設定，驅動並不
> 會覆寫這個指令。

容器啓動後，可使用 nova list 列出：

```
$ nova list
```

同時，也能在 Docker 中看到這個容器：

```
$ docker ps
```

1.4 從頭開始：在 Docker 中建置 Docker

從檔案庫中安裝雖然很快速，但通常版本比較舊，這代表可能會錯過重要的更新或功能。因此，保持更新的最佳方式是從 Github 取得最新的版本。早期，從原始碼編譯成可用的軟體是痛苦的，可能只有該專案的開發人員才做得到，但 Docker 不是如此，從 0.6 版之後，已經能自行編譯並替換舊的執行檔，接著就來看看是如何做到的。

相依套件

系統必須在 64 位元的 Linux 主機（或 VM）中安裝以下的套件工具：

■ **Git**

■ **Make**

Git是分散版本控制系統的自由軟體，讓大小專案都能快速與有效管理原始碼。在此使用它以取得 Docker 公開的原始碼檔案庫，請參考 git-scm.org 網站以獲得更多細節。

make 工具則是用來管理及維護軟體的工具，**Make** 對於連接到很多的元件程式有很大的幫助，Makefile 檔在此則是用來啟動 Docker 編譯的重複性工作。

從原始碼編譯 Docker

編譯 Docker，需先取得完整原始碼，再執行幾個 make 指令，完成後會產生 Docker 執行檔，再把目前安裝目錄下舊的執行檔換成新的。

請在終端機下執行以下指令：

```
$ git clone https://git@github.com/dotcloud/docker
```

git 指令會從官方原始碼檔案庫中複製一份回來，放在目前執行目錄下的 docker 目錄：

```
$ cd docker
$ sudo make build
```

以上指令將準備編譯環境並安裝必要的相依套件，第一次執行過程可能會耗費一點時間，可趁機喝杯咖啡。

 提示

> 如果在過程中出現無法處理的錯誤，可以到 freenode 的 IRC 頻道 #docker 中提問，該頻道中的開發人員會很樂意提供幫助。

現在，可以開始編譯執行檔了：

```
$ sudo make binary
```

指令會編譯產生執行檔並放在 ./bundles/<version>-dev/binary/ 目錄下，看吧，你已產生一個最新版本的 Docker 了。

先不急著替換舊版，執行測試看看：

```
$ sudo make test
```

若測試結果成功，代表可以安心地以剛才產生的新執行檔替換掉目前的執行檔了。請先停止 docker 服務，備份舊的目錄後，再將剛出爐的新版執行檔複製過去，如下：

```
$ sudo service docker stop
$ alias wd='which docker'
$ sudo cp $(wd) $(wd)_
$ sudo cp $(pwd)/bundles/<version>-dev/binary/docker-<version>-dev $(wd)
$ sudo service docker start
```

恭喜你！現在所執行的是最新版的 Docker。

 提示

OSX 與 Windows 使用者可以使用 boot2Docker VM，在 SSH 下用相同的方式進行。

1.5 驗證安裝結果

接下來，可以在終端機中執行以下指令，以驗證安裝的結果是否成功：

```
$ docker run -i -t ubuntu echo Hello World!
```

上述的 docker run 指令使用 ubuntu 基礎映像檔來啟動一個容器，當第一次啟動 ubuntu 容器時，會顯示如下的訊息：

```
Unable to find image 'ubuntu' locally
Pulling repository ubuntu
e54ca5efa2e9: Download complete
511136ea3c5a: Download complete
d7ac5e4f1812: Download complete
2f4b4d6a4a06: Download complete
83ff768040a0: Download complete
6c37f792ddac: Download complete

Hello World!
```

當我們下達 docker run ubuntu 指令後，Docker會在本機找尋有無 ubuntu 映像檔，當它未發現有任何 ubuntu 時，會自動連接網路上公開的 docker 映像檔庫，並下載 ubuntu 映像檔，所以會顯示「**Pulling dependent layers**」訊息。

這個訊息代表它下載的是多個檔案系統層 (layers)，Docker預設使用AUFS，它是個多層概念的 copy-on-write 檔案系統，代表容器的映像檔檔案系統是多個唯讀的檔案系統層的總合，且這些 layer 在不同執行中的容器是被共用的。如果你在容器中啓動一個動作就會寫入檔案系統中，並產生一層新的，但新的一層只包括與上一層不同的檔案資料。多層的共用意謂著第一個執行的容器層將占用一部份的記憶體，且後續的容器層將只占用該層多出來的部份記憶體，也就是說即使你使用的是較低效能的筆記型電腦，也能執行數百個的容器層。

```
● ● ●                              shrikrishna — bash — 88×9
FDLMC219-MacBook-Pro:~ shrikrishna$ docker run -i -t --rm ubuntu echo Hello World!
Hello World!
FDLMC219-MacBook-Pro:~ shrikrishna$
```

當映像檔全部下載完成後，指令會自動啓動容器並顯示「Hello World!」，這是Docker容器的另一項出色的功能，每個指令都會分配到一個容器並在容器中執行。記得Docker容器不像VM一般擁有整套的虛擬化環境，每一個 docker 容器只接受單一指令，且行程是在一個隔離的環境中執行，並只存在於這個隔離的空間。

17

1.6 有用的提示

以下有兩個有用的提示，它們可減少很多未來發生的麻煩事。第一個說明以非超級管理者（non-root）的角色執行Docker容器，第二個則說明如何設定Ubuntu防火牆，並啓用網路流量導向功能。

 注意

如果使用Boot2Docker的話，以下內容則不需要設定。

給予non-root權限

建立一個名稱爲docker的群組，並將使用者加入該群組，可以避免日後每次執行時都要在指令前加上sudo，因爲執行docker服務必須使用root權限，而執行docker指令則不需要root權限，因此藉著加入剛才建立的docker群組，使用者未來就不需要在指令前加上sudo，如下：

```
$ sudo groupadd docker # Adds the docker group
$ sudo gpasswd -a $(whoami) docker # Adds the current user to the group
$ sudo service docker restart
```

你需要登出目前使用者，再登入後才會更新使用者的群組。

UFW設定

Docker使用橋接方式管理容器中的網路，Ubuntu使用 **UFW（Uncomplicated Firewall）**爲預設的防火牆設定工具，預設並不會將網路流量導向到容器，因此必須啓用導向：

```
$ sudo vim /etc/default/ufw
# 將：
# DEFAULT_FORWARD_POLICY="DROP"
# 改爲：
DEFAULT_FORWARD_POLICY="ACCEPT"
```

儲存後請執行以下指令重啓防火牆：

```
$ sudo ufw reload
```

另外，如果你想要能夠由其他主機存取容器，應該啓用 Docker 埠號 2375 的外來連線：

```
$ sudo ufw allow 2375/tcp
```

 提示

範例程式下載

你可從 http://www.packtpub.com 網站登入自己的帳號並下載你已購買書籍的範例程式，如果書籍是在別的地方購買的，可到 http://www.packtpub.com/support 網址註冊後，檔案即會直接 e-mail 給你。

1.7　總結

希望這個前導的章節能讓你對 Docker 有上手的感覺，接下來的章節將帶領您進入 Docker 的世界，並試著讓您對它的美好感到驚訝。

在本章，首先學習到一些 Docker 的由來與一些基礎，並瞭解它是如何運作的，也看到它是如何的不同與優於 VM：接著我們在 Ubuntu、Mac 或 Windows 等開發環境中安裝 Docker，並了解如何更換 OpenStack 的 hypervisor 爲 Docker：隨即再由原始碼開始編譯 Docker，更在 Docker 中編譯新版的 Docker，有趣吧。

最後，我們下載了第一個映像檔並執行了第一個容器，現在你可以將你的注意力放在下一個章節，屆時將會更深入地探討所有主要的 Docker 指令，且可以建置自己的映象檔。

## 第 2 章

Docker 命令列指令與 Dockerfile

本章涵蓋主題如下

- Docker的相關名詞
- Docker的指令
- Dockerfiles
- Docker的運作流程－pull-use-modify-commit-push流程
- 自動化製作映像檔

在上一章我們在開發環境中設定並執行了第一個容器，而本章將探索 Docker 的命令列介面，並在本章的後段，使用 Dockefiles 製作映像檔與如何將流程自動化。

2.1 Docker 的相關名詞

在開始令人興奮的旅程之前，我們先來瞭解在本書中將會使用到的名詞，與 VM 的映像檔類似的是，Docker 的映像檔 (Image) 儲存一個系統當下的狀態；與 VM 不同的是，VM 映像檔可以有許多執行中的服務，而 Docker 映像檔只是一個檔案系統的儲存狀態，這代表你可以設定、安裝你想要的軟體套件、且只能在容器中執行一個指令。不過先別慌，因為限制是一個指令，並不是一個行程，因此有許多方法可以使容器如同一般的 VM 功能。

Docker 也將 Git 分散版本管理系統的觀念實作於映像檔管理，映像檔可以儲存在本地或遠端的檔案庫 (repositories)，同樣以 Git 的功能實現如：提交 (commit) 目前的映像檔；可以從檔案庫中提取 (pull) 映像檔，或將本地的映像檔送入 (push) 至一個檔案庫等。

Docker container

Docker 容器可以說是個 VM 的實例，它在一個被隔離起來的行程中執行，這個行程共用主機的核心，容器這個名詞來自於海運的貨櫃，其概念是希望開發者將應用程式執行環境像貨櫃一樣堆疊，把堆疊的容器移到佈署環境後，不論在那，容器中執行的應用程式仍能以同樣方式執行。

下圖為 AUFS 的多層次架構：

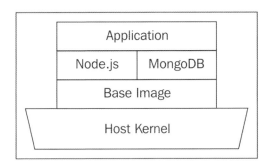

上圖即類似一個貨船上的貨櫃，它在送達目的地之前都保持相同的堆疊狀態，但可以在兩端傳送、上下貨船或再增加堆疊。

在這個過程中，容器內的檔案系統使用 AUFS（亦可設定使用其他的檔案系統），AUFS 是一個多層概念（layered）的檔案系統，而這些 layer 全都是唯讀狀態。如果行程變更了檔案系統，它會立即再產生新的 layer，且這個新的 layer 記錄了與前一個 layer 的差異性。當我們在這容器狀態下產生一個映像檔時，這些 layers 馬上被保存下來，因此我們可以利用這個技術，架構出很方便的樹狀式的映像檔結構。

Docker 服務（daemon）

docker 服務是一個管理容器行程，容易與 Docker 客戶端工具混淆，因為它們都使用同一個執行檔，不過，執行 docker 服務需要 root 權限才可以，執行 Docker 客戶端工具則不用。

不幸的是，由於 docker 服務是以 root 權限執行，因此也帶來被攻擊的弱點。更多資訊請參考 https://docs.docker.com/articles/security/。

Docker 客戶端工具（client）

Docker客戶端工具與docker服務互動，可啟動或管理容器的工具，服務與客戶端兩者之間設計以RESTful API溝通。

 注意

REST是在層次化的系統中，讓參數在元件、連接器與資料元素之間傳輸的設計風格。簡單來說，RESTful的服務所使用的是HTTP的方法，如GET、POST、PUT與DELETE等方法。

Dockerfile

Dockerfile是以**領域特定語言（Domain Specific Language，DSL）**所寫的，它定義如何設定Docker映像檔的步驟，就像Makefile的功能一樣。

Docker registry

由Docker社群所釋出的映像檔的一個公開檔案庫，你可以免費從檔案庫中下載映像檔，但需要先在 http://hub.docker.com 註冊後才能夠push自己的映像檔。Docker registry與hub都是由Docker公司所維護與運作，他們提供無限制的免費檔案庫，當然，你也可以付費購買私人專用的檔案庫。

2.2 Docker指令

現在我們可以開始使用Docker命令了，將會著手在最常見的指令與使用案例，Docker指令是在Linux與Git之後才有的，如果你已經使用過其中一種工具，那將會很容易上手。

在此僅說明最常用的選項，如果需要更多的參考資料，請至官方的文件網站，如下：https://docs.docker.com/reference/commandline/cli/。

daemon－服務指令

如果你是自己從標準的檔案庫安裝docker服務，爲了能自動在系統開機時即自動啓動docker服務，因此，啓動的腳本應早就自動被加入在系統啓動的清單中，否則，就得要以手動方式使用命令啓動。

手動啓動docker服務時可以加入容器的**DNS（Domain Name System）**設定、儲存驅動與執行驅動的參數，如下：

```
$ export DOCKER_HOST="tcp://0.0.0.0:2375"
$ Docker -d -D -e lxc -s btrfs --dns 8.8.8.8 --dns-search example.com
```

 注意

只有手動啓動時才需要上述的指令，如果是自動，只需要執行 $sudo service Docker start 即可，對於OSX與Windows系統，你需使用第一章中「安裝Docker」一節的指令來啓動。

下表說明各個選項：

選項	說明
-d	以服務方式執行Docker
-D	以除錯模式執行Docker
-e [選項]	指定執行驅動，預設使用libcontainer
-s [選項]	強制Docker使用指定的儲存驅動，預設使用AUFS
--dns [選項]	設定所有容器所使用的DNS伺服器
--dns-search [選項]	設定所有容器的搜尋網域

選項	說明
-H [選項]	關連的 socket，可以是一個或多個以下格式 `tcp://host:port, unix:///path/to/socket, fd://*` 或 `fd://socketfd`

如果同時有多個 docker 服務在執行，客戶端工具連接的對象依照環境變數 `DOCKER_HOST` 為主，也可以在指令後加上「-H」選項來指定控制的對象。

如以下指令：

```
$ docker -H tcp://0.0.0.0:2375 run -it ubuntu /bin/bash
```

以下指令與上述指令執行結果相同：

```
$ DOCKER_HOST="tcp://0.0.0.0:2375" docker run -it ubuntu /bin/bash
```

version －版本指令

使用「-v」顯示版本，如下：

```
$ docker -v
Docker version 1.1.1, build bd609d2
```

info －資訊指令

info 指令列出 docker 服務的設定值，如執行驅動、儲存驅動等：

```
$ docker info # 本例是在 OSX 中使用 boot2docker
Containers: 0
Images: 0
Storage Driver: aufs
 Root Dir: /mnt/sda1/var/lib/docker/aufs
 Dirs: 0
Execution Driver: native-0.2
Kernel Version: 3.15.3-tinycore64
```

```
Debug mode (server): true
Debug mode (client): false
Fds: 10
Goroutines: 10
EventsListeners: 0
Init Path: /usr/local/bin/docker
Sockets: [unix:///var/run/docker.sock tcp://0.0.0.0:2375]
```

run－執行指令

最常使用的指令為run，用來執行Docker容器：

```
$ docker run [options] IMAGE [command] [args]
```

選項	說明
-a, --attach=[]	附接stdin、stdout或stderr檔案（標準輸入、標準輸出與標準錯誤輸出）
-d, --detach	這個選項讓容器在背景執行
-i, --interactive	這個選項讓容器以互動方式執行（保持stdin檔案在開啟狀態）
-t, --tty	配置一個虛擬終端機（如果你想要以終端機模式連進容器）
-p, --publish=[]	對主機開放一個容器內的通訊埠（格式為 ip:hostport:containerport）
--rm	會在容器結束時自動刪除容器檔案（無法與 -d 選項並用）
--privileged	給予容器額外的特殊權限
-v, --volume=[]	此選項可掛載卷冊（from host => /host/container; from docker => /container）
--volumes-from=[]	由特定容器掛載卷冊
-w, --workdir=""	設定在容器中的工作目錄
--name=""	為容器指定名稱
-h, --hostname=""	為容器指定主機名稱（hostname）
-u, --user=""	設定容器執行時使用的帳號名稱或UID

選項	說明
-e, --env=[]	設定環境變數
--env-file=[]	從一個檔案中讀取環境變數
--dns=[]	設定自訂的名稱伺服器
--dns-search=[]	設定自訂的搜尋網域
--link=[]	建立與其他容器的連結（容器名稱：別名）
-c, --cpu-shares=0	設定 CPU 的相對共用值
--cpuset=""	執行時能使用的 CPU 個數，最小值為 0（例如 0 到 3）
-m, --memory=""	設定記憶體限制（<number><b|k|m|g>）
--restart=""	(v1.2+)設定當容器掛點時重新啟動的方式
--cap-add=""	(v1.2+)取得容器的權限能力（capability, 請參考第四章中的「安全與實務典範」一節）
--cap-drop=""	(v1.2+)禁止容器使用權限能力（請參考第四章中的「安全與實務典範」一節）
--device=""	(v1.2+)在容器中掛載設備

當執行一個容器時，瞭解容器的生命時間是從你下指令開始，請試著執行以下指令：

```
$ docker run -dt ubuntu ps
b1d037dfcff6b076bde360070d3af0d019269e44929df61c93dfcdfaf29492c9
$ docker attach b1d037
2014/07/16 16:01:29 You cannot attach to a stopped container, start it first
```

觀察看看發生什麼了？當我們執行一個簡單指令ps，該容器執行完後就結束，第二個指令就出現錯誤了。

📖 **注意**

attach指令可以將標準輸出入接附在正在執行的容器中。

另一個重要資訊是,如果指令中需要指令容器ID,你不需要完整輸入64字元的容器ID,只需要最前面的部份字元即可,如下範例指令:

```
$ docker attach b1d03
2011/07/16 16:09:39 You cannot attach to a stopped container, start it first
$ docker attach b1d0
2014/07/16 16:09:40 You cannot attach to a stopped container, start it first
$ docker attach b1d
2014/07/16 16:09:42 You cannot attach to a stopped container, start it first
$ docker attach b1
2014/07/16 16:09:44 You cannot attach to a stopped container, start it first
$ docker attach b
2014/07/16 16:09:45 Error: No such container: b
```

而更方便的方法是在執行時指定容器名稱,再使用名稱即可:

```
$ docker run -dit --name OD-name-example ubuntu /bin/bash
1b21af96c38836df8a809049fb3a040db571cc0cef000a54ebce978c1b5567ea
$ docker attach OD-name-example
root@1b21af96c388:/#
```

如果想要與容器互動,執行時必須加入「-i」選項,而「-t」選項可建立一模擬終端機(pseudo-terminal)。

以上範例顯示出,即使離開了容器,容器的狀態仍然是處於stopped停止,正因如此,使得它的檔案系統被保留,所以我們可以再次啓動容器,請執行以下指令:

```
$ docker ps -a
CONTAINER ID IMAGE          COMMAND   CREATED     STATUS   NAMES
eb424f5a9d3f ubuntu:latest  ps        1 hour ago  Exited   OD-name-example
```

雖然這看來很方便，但你的主機的磁碟空間也會因為儲存越來越多的容器而耗盡，如果是可丟棄的容器，可以使用「--rm」選項，它將會在執行結束時自動刪除容器：

```
$ docker run --rm -it --name OD-rm-example ubuntu /bin/bash
root@0fc99b2e35fb:/# exit
exit
$ docker ps -a
CONTAINER ID    IMAGE  COMMAND   CREATED     STATUS    PORTS  NAMES
```

執行伺服器

現在，我們的下一個範例要來執行一個網頁伺服器，會選擇這個例子是因為，Docker 容器最常使用在網頁系統：

```
$ docker run -it --name OD-pythonserver-1 --rm python:2.7 \
python -m SimpleHTTPServer 8000;
Serving HTTP on 0.0.0.0 port 8000
```

現在的問題是我們有一個伺服器在容器中執行，但因為容器的 IP 是由 Docker 動態指定的。但是，我們可以將容器的 port 附掛在主機的 port 上，讓 Docker 負責轉送網路封包，所以，在指令中再加上「-p」選項：

```
$ docker run -p 0.0.0.0:8000:8000 -it --rm --name OD-pythonserver-2 \
python:2.7 python -m SimpleHTTPServer 8000;
Serving HTTP on 0.0.0.0 port 8000 ...
172.17.42.1 - - [18/Jul/2014 14:25:46] "GET / HTTP/1.1" 200 -
```

再打開瀏覽器，輸入網址 http://localhost:8000，你看！

如果你是 OSX 使用者，由於 VirtualBox 的網路設定並不是使用 **NAT（Network Address Translation）**，因此無法存取 boot2Docker 的 VM 中的 http://localhost:8000，可以在別名設定檔（bash_profile 或 .bashrc）下增加以下程式碼：

```
natbot2docker () {
   VBoxManage controlvm boot2docker-vm natpf1 \
   "$1,tcp,127.0.0.1,$2,,$3";
}
removeDockerNat() {
    VBoxManage modifyvm boot2docker-vm \
    --natpf1 delete $1;
}
```

經過修改後，你應該可以使用指令 $ natboot2docker mypythonserver 8000 8000 存取 Python 伺服器，記得完成後執行 $ removeDockerDockerNat mypythonserver，否則下一次執行 boot2Docker VM 時，將會無法取得 IP 或使用 ssh 腳本連入：

```
$ boot2docker ssh
ssh_exchange_identification: Connection closed by remote host
2014/07/19 11:55:09 exit status 255
```

你的瀏覽器現在顯示的是容器內的 /root 目錄，但如果你想要使用的是主機的目錄呢？讓我們試著掛載一個設備看看：

```
root@eb53f7ec79fd:/# mount -t tmpfs /dev/random /mnt
mount: permission denied
```

從輸出的結果得知 mount 指令失敗了。實際上，大部份有潛在風險的核心功能都被停用了，除非在執行時加入「--privileged」選項。

就算如此，除非你很清楚你的目的，否則不該使用這個選項。Docker 提供更簡單的方法能讓我們連接主機的目錄，使用「-v」或「-volumes」選項即能達到目的，讓我們在目前的目錄下執行：

```
$ docker run -v $(pwd):$(pwd) -p 0.0.0.0:8000:8000 -it -rm \
--name OD-pythonserver-3 python:2.7 python -m SimpleHTTPServer 8000;
Serving HTTP on 0.0.0.0 port 8000 ...
10.0.2.2 - - [18/Jul/2014 14:40:35] "GET / HTTP/1.1" 200 -
```

現在，你已將目前所在主機中的目錄連結至容器。然而，如果你進入容器，仍然是容器內的根目錄，而想要改變進入容器時的目錄，可以加上「-w」選項，來設定在進入容器中時的工作目錄：

```
$ docker run -v $(pwd):$(pwd) -w $(pwd) -p 0.0.0.0:8000:8000 -it \ --name
OD-pythonserver-4 python:2.7 python -m SimpleHTTPServer 8000;
Serving HTTP on 0.0.0.0 port 8000 ...
10.0.2.2 - - [18/Jul/2014 14:51:35] "GET / HTTP/1.1" 200 -
```

注意

Boot2Docker的使用者尚無法設定此項，除非在VM中安裝「guest additions」，並設定分享目錄，設定方法在網址 https://medium.com/boot2docker-lightweight-linux-for-docker/boot2docker-together-with-virtualbox-guest-additions-da1e3ab2465c，雖然可以使用，但不建議使用hack的方式達成，在此時，Docker社群正在試著找尋解決方案，可參考在GitHub中問題清單 #64 與在Docker檔案庫中的問題 #4023。

現在 http://localhost:8000 服務的目錄已經是你目前所在目錄了，只是它是由Docker容器中去取得主機的目錄，請注意，任何一項更動都將寫入主機的檔案系統。

提示

自版本v1.1.1起，你可以使用指令 $ docker run -v /:/my_host:ro ubuntu ls /my_host 將主機的根目錄連結至容器中，但不允許掛載為容器的根目錄。

被連結掛載的volume卷冊可以另外加入「:ro」或「:rw」，在掛載後即成爲唯讀或可讀寫模式，預設的掛載模式是與卷冊在主機上的模式相同（可讀寫或唯讀）。

這個選項最常使用於掛載靜態資源檔案，或用於輸出日誌記錄。

但如果我想要掛載一個外部設備呢？

在 v1.2 版之前，你需要先在主機中掛載這個設備後，再使用 -v 選項連結至具有執行特權 (privileged) 的容器中，但 v1.2 版加入「--device」選項功能後，容器可以不用具備特權，也就是不用「--privileged」選項了。

例如，要在容器中使用 webcam 設備，請執行以下指令：

```
$ docker run --device=/dev/video0:/dev/video0
```

Docker v1.2 版還加入了一個「--restart」選項，可設定容器的重啟政策 (policy) 設定，目前有三種重啟政策：

- no : 如果容器死了，不需要自動重啟它（預設值）。

- on-failure : 　如果結束容器時回傳了非 0 的結束碼即自動重啟，可以加入容許重啟的最高次數（如 on-faliures:5）。

- always : 無論回傳的結束值為何，都重新啟動容器。

以下指令會使得容器一直自動重啟：

```
$ docker run --restart=always code.it
```

以下指令會在嘗試 5 次後放棄重啟容器：

```
$ docker run --restart=on-failure:5 code.it
```

search－搜尋指令

search 指令讓我們在公開檔案庫中搜尋 Docker 映像檔，例如：找尋與 Phyton 有關的映像檔，指令如下：

```
$ docker search python | less
```

pull－取出指令

pull 指令可從檔案庫中取出（下載）映像檔，預設來源為官方公開檔案庫，也可以從自己的檔案庫中取出映像檔，如下：

```
$ docker pull python # 從 Docker hub
$ docker pull python:2.7 # 取出標籤 2.7 的映像檔
$ docker pull <path_to_registry>/<image_or_repository>
```

start－啟動指令

先前介紹執行 docker run 指令時，除非明確加入刪除選項，否則將會保留檔案系統狀態，docker start 指令可啟動一個已停止的容器：

```
$ docker start [-i] [-a] <container(s)>
```

以下是使用 start 指令的範例：

```
$ docker ps -a
CONTAINER ID IMAGE           COMMAND        CREATED STATUS      NAMES
e3c4b6b39cff ubuntu:latest python -m 1h ago    Exited OD-pythonserver-4
81bb2a92ab0c ubuntu:latest /bin/bash 1h ago    Exited evil_rosalind
d52fef570d6e ubuntu:latest /bin/bash 1h ago    Exited prickly_morse
eb424f5a9d3f ubuntu:latest /bin/bash 20h ago Exited OD-name-example
$ docker start -ai OD-pythonserver-4
Serving HTTP on 0.0.0.0 port 8000
```

start 指令使用與 run 指令相同的選項。

stop－停止指令

stop 指令會送出 SIGTERM 與 SIGKILL 訊號至容器，使得一個正在執行的容器會在一段容許時間內停止：

注意

SIGTERM 與 SIGKILL 都是 Unix 的訊號，訊號是一種在 Unix、Unix-like 與其他與 POSIX 相容作業系統中行程間通訊的資料定義，行程在收到 SIGTERM 訊號後會終止，若收到 SIGKILL 訊號會強迫殺掉行程。

```
docker run -dit --name OD-stop-example ubuntu /bin/bash
$ docker ps
CONTAINER ID IMAGE           COMMAND      CREATED    STATUS    NAMES
679ece6f2a11 ubuntu:latest   /bin/bash    5h ago     Up 3s     OD-stop-example
$ docker stop OD-stop-example
OD-stop-example
$ docker ps
CONTAINER ID IMAGE           COMMAND      CREATED    STATUS    NAMES
```

若加入「-t」或「--time」選項可設定等待時間。

restart－重啟指令

restart 指令可以重新啟動容器：

```
$ docker run -dit --name OD-restart-example ubuntu /bin/bash
$ sleep 15s # Suspends execution for 15 seconds
$ docker ps
CONTAINER ID IMAGE           COMMAND      STATUS    NAMES
cc5d0ae0b599 ubuntu:latest   /bin/bash    Up 20s    OD-restart-example

$ docker restart OD-restart-example
$ docker ps
CONTAINER ID IMAGE           COMMAND      STATUS    NAMES
cc5d0ae0b599 ubuntu:latest   /bin/bash    Up 2s     OD-restart-example
```

觀察上述指令執行結果中的 STATUS 欄位，可發現容器被重新啟動。

rm－刪除指令

使用rm指令可刪除容器：

```
$ Docker ps -a # Lists containers including stopped ones
CONTAINER ID   IMAGE    COMMAND     CREATED    STATUS NAMES
cc5d0ae0b599   ubuntu   /bin/bash 6h ago      Exited OD-restart-example
679ece6f2a11   ubuntu   /bin/bash 7h ago      Exited OD-stop-example
e3c4b6b39cff   ubuntu   /bin/bash 9h ago      Exited OD-name-example
```

有一些容器是多餘的，接著刪除其中一個吧：

```
$ dockerDocker rm OD-restart-example
cc5d0ae0b599
```

我們也可以將ps與rm兩個指令組合在一起，先使用docker ps -a列出容器的ID，再將ID轉送給docker rm指令，以一行組合指令刪除所有容器：

```
$ docker rm $(docker ps -a -q)
679ece6f2a11
e3c4b6b39cff
$ docker ps -a
CONTAINER ID     IMAGE      COMMAND      CREATED     STATUS      NAMES
```

此行指令先執行docker ps -a -q，再將輸出的結果替換在docker rm指令之後。

ps－列出容器指令

ps指令列出容器清單，可加入以下選項：

```
$ docker ps [option(s)]
```

選項	說明
-a, --all	顯示所有容器，包括已停止的容器
-q, --quiet	只顯示容器的ID
-s, --size	顯示容器所占的空間
-l, --latest	只顯示最新的容器（如果是停止中容器也會顯示）
-n=""	顯示最新的n個容器（包括停止中），預設值為-1
--before=""	顯示特定名稱容器之前的容器
--after=""	顯示特定名稱容器之後的容器

docker ps指令預設只顯示正在執行的容器，如需要所有狀態的容器，需使用docker ps -a，如果只需要顯示容器的ID，則使用-q選項。

logs－日誌指令

使用logs指令可顯示容器的日誌：

```
觀察一個執行 Python 伺服器的日誌
$ docker logs OD-pythonserver-4
Serving HTTP on 0.0.0.0 port 8000 ...
10.0.2.2 - - [18/Jul/2014 15:06:39] "GET / HTTP/1.1" 200 -
^CTraceback (most recent call last):
  File ...
  ...
KeyboardInterrupt
```

可以再加入「--tail」參數追蹤一個正執行中容器的日誌。

inspect一檢閱指令

inspect 檢閱指令可列出容器或映像檔的詳細資訊，回應的格式是一個JSON陣列：

```
$ Docker inspect ubuntu # 針對映像檔
[{
    "Architecture": "amd64",
    "Author": "",
    "Comment": "",
    .......
    .......
    .......
    "DockerVersion": "0.10.0",
    "Id":
"e54ca5efa2e962582a223ca9810f7f1b62ea9b5c3975d14a5da79d3bf6020f37",
    "Os": "linux",
    "Parent":
"6c37f792ddacad573016e6aea7fc9fb377127b4767ce6104c9f869314a12041e",
    "Size": 178365
}]
```

相同的，也可以檢閱一個正在執行中的容器：

```
$ Docker inspect OD-pythonserver-4 # 針對執行中的容器
[{
    "Args": [
        "-m",
        "SimpleHTTPServer",
        "8000"
    ],
    ......
    ......
    "Name": "/OD-pythonserver-4",
    "NetworkSettings": {
        "Bridge": "Docker0",
        "Gateway": "172.17.42.1",
        "IPAddress": "172.17.0.11",
        "IPPrefixLen": 16,
        "PortMapping": null,
        "Ports": {
```

```
        "8000/tcp": [
            {
                "HostIp": "0.0.0.0",
                "HostPort": "8000"
            }
        ]
    }
},
......
......
"Volumes": {
    "/home/Docker": "/home/Docker"
},
"VolumesRW": {
    "/home/Docker": true
}
}]
```

inspect指令提供容器或映像檔中較底層的資訊，從上述範例中可在輸出資訊中找到容器的IP位址與其開放存取的port，得到資訊後即可利用 IP:port 方式存取容器。

然而，在整個JSON陣列中找尋資訊並不是最好的方法，所以可使用inspect指令另外的參數，如「-f（或 --follow）」讓我們可以利用Go的模版提供的表示法，找到我們想要找的資訊，例如：想找容器的IP位址，請執行下列指令：

```
$ docker inspect -f  '{{.NetworkSettings.IPAddress}}' \
OD-pythonserver-4;
172.17.0.11
```

{{.NetworkSettings.IPAddress}}是個在JSON結果中執行的Go模版表示法，Go模版是個很強大的功能，可在 http://golang.org/pkg/text/template/ 中找到參考資料。

top－行程資訊指令

top 指令可以顯示容器內的行程與統計資料，與 Unix 的 top 命令類似。

下載並執行 ghost 部落格平台，並觀察容器中有什麼行程在執行：

```
$ docker run -d -p 4000:2368 --name OD-ghost dockerfile/ghost
ece88c79b0793b0a49e3d23e2b0b8e75d89c519e5987172951ea8d30d96a2936

$ docker top OD-ghost-1
PID                 USER                COMMAND
1162                root                bash /ghost-start
1180                root                npm
1186                root                sh -c node index
1187                root                node index
```

是的，我們只使用了一個指令便建立了自己的 ghost 部落格，這展示了另一個
不易察覺的優點，並顯示這可能是一個未來的趨勢，亦即以 TCP 提供服務的工
具都可以容器化，並在隔離環境中執行，不用煩惱安裝、相依性、相容性等問
題，而且移除也能夠很完全，因為只需要停止容器後再將映像檔刪除即可。

注意

> ghost 是一個開放源碼的出版平台，擁有精美設計、容易使用與免費的優點，它使用
> Node.js（伺服器端 Javascript 執行引擎）設計。

attach－附接指令

attach 指令能讓我們附接至一個正在執行的容器。

讓我們先啓動一個有 Node.js 的伺服器，先以互動與背景模式執行容器，待其執
行後，再附接到此容器上：

注意

Node.js是以事件驅動為導向，且非同步輸出入的網頁框架，可以執行由Javascript所設計的應用程式。

以下是執行Node.js的容器：

```
$ docker run -dit --name OD-nodejs shykes/nodejs node
0c0da617200cfc33a9dd53d15ea38e3af3892b01aa8b7a6e167b3e093e522751

$ docker attach OD-nodejs
console.log('Docker rocks!');Docker rocks!
```

kill－終結指令

kill指令可終結一個容器，對執行容器的行程送出 SIGTERM 訊號：

```
終結一個正在執行 ghost 平台的容器。
$ docker kill OD-ghost-1
OD-ghost-1

$ docker attach OD-ghost-1 # 確認不能再附接該容器
2014/07/19 18:12:51 You cannot attach to a stopped container, start
it first
```

cp－複製指令

cp指令可從容器中複製檔案或目錄到主機的檔案路徑中，路徑使用絕對路徑表示：

來點有趣的吧！首先，執行Ubuntu容器內的 /bin/bash 命令：

```
$ docker run -it -name OD-cp-bell ubuntu /bin/bash
```

現在，在這個容器內產生了一個檔案：

41

```
# touch $(echo -e '\007')
```

\007字元是 ASCII 中的 BEL 字元，若在系統終端機中顯示這個字元時，系統會嗶一聲，你應該猜到我們想做什麼吧，接下來打開 一個新的終端機，再執行以下指令，將容器中產生的檔案複製到主機中：

```
$ docker cp OD-cp-bell:/$(echo -e '\007') $(pwd)
```

 提示

docker cp 指令在指定容器與主機的檔案位置時得要使用完整的路徑，避免使用如星號、點或逗點之類的字元。

我們先在容器中產生一個檔名為 BEL 字元的空白檔案，再將這個檔案複製到主機目前目錄下，最後就剩一個步驟了，在主機先前執行 docker cp 的地方，再執行以下指令：

```
$ echo *
```

你將會聽到系統嗶了一聲！我們也可從容器中複製任何檔案或目錄到主機，只是這樣有趣多了。

 注意

如果你覺得這還蠻有趣的，可以考慮至 http://www.dwheeler.com/essays/fixing-unix-linux.filenames.html，這是個討論有關檔名使用的特別案例的文章，這些通常會導致程式複雜的問題。

port－對應指令

port 指令可查詢容器中的某個 port 是否對應到主機中的那一個 port：

```
$ docker port CONTAINER PRIVATE_PORT
$ docker port OD-ghost 2368
4000
```

Ghost 容器的 2368 port 提供了撰寫與出版文章的部落格伺服器，在先前的 top 指令範例中列出容器 OD-ghost 內的 2368 port 已經有對應主機 port 的資訊。

2.3 執行自己的專案

到目前為止，我們已熟悉了基本的 Docker 指令，現在多花點力氣吧，接下來的幾個指令，使用的是我自己的一個專案，你也可以使用自己的專案哦。

一開始先列出我們的需求，以決定指令 docker run 執行時需要什麼選項。

我們的應用程式是使用 Node.js，因此決定使用維護狀態極佳的 dockerfile/nodejs 映像檔，利用這個映像檔產生容器：

- 應用程式將使用 port 8000，所以我們也將這個 port 對應到主機的 8000 port。

- 為了方便日後使用指令，我們需要為容器命名，在這個範例使用專案名稱 code.it：

```
$ docker run -it --name code.it dockerfile/nodejs /bin/bash
[ root@3b0d5a04cdcd:/data ]$ cd /home
[ root@3b0d5a04cdcd:/home ]$
```

啟動容器後，你需要檢查應用程式未來執行環境，在我的例子中需要 Git(不包含 Node.js)，dockerfile/nodes 映像檔也已經安裝了 Git。

所以，我們的容器已準備好了，只缺我們的專案原始碼及一些必要的設定了：

```
$ git clone https://github.com/shrikrishnaholla/code.it.git
$ cd code.it && git submodule update --init --recursive
```

上述指令下載專案與必要的外掛原始碼，接下來執行：

```
$ npm install
```

現在專案所需的所有模組都已安裝完成了。接下來執行：

```
$ node app.js
```

打開瀏覽器，輸入 http://localhost:8000，就可以使用應用程式了。

diff－差異指令

diff 指令可顯示容器與映像檔之間的差異，在本例，容器正執行一個專案 code.it，打開另一個終端機並執行以下指令：

```
$ docker diff code.it
C /home
A /home/code.it
...
```

commit－送交指令

commit 指令依目前容器的檔案系統包裝產生一個新的映像檔，與 Git 的 commit 指令一樣，你可以指定描述此映像檔的訊息文字：

```
$ docker commit [OPTIONS] CONTAINER [REPOSITORY[:TAG]]
```

選項	說明
-p, --pause	在送交過程中加入暫停（v1.1.1 以後支援）
-m, --message=""	指定送交的訊息，描述映像檔的用途
-a, --author=""	指定映像檔作者資訊

例如，使用commit指令將設定完成的容器送交：

```
$ docker commit -m "Code.it - A browser based text editor and
interpreter" -a "Shrikrishna Holla <s**a@gmail.com>" code.it
shrikrishna/code.it:v1
```

提示

如果你複製上述指令，請更改作者與使用者名稱。

上述指令完成後會顯示映像檔的ID，仔細觀察指令，映像檔名稱為「shrikrishna/code.it:v1」，這是個命名慣例。第一個部份（在斜線之前）是在 Docker Hub 上的使用者名稱，第二部份是應用程式或映像檔名稱，第三部份（與第二部份用冒號分隔）則是標籤（tag），通常代表版本號。

注意

Docker Hub 是一個由 Docker 公司所提供的公開的映像檔集中庫，管理映像檔並提供使用者建立自己的映像檔，更多資訊可以至 https://hub.docker.com 取得。

不同標籤版本的映像檔就組成為一個檔案庫（repository），當使用 docker commit 指令提交後，映像檔會產生在本地檔案系統下，可以在本機執行並產生容器。但還無法公開給別人使用。若想公開或放置在私人的檔案庫中，仍需再使用 docker push 指令。

images－映像檔指令

images 指令可列出系統中所有的映像檔：

```
$ docker images [OPTIONS] [NAME]
```

選項	說明
`-a, --all`	顯示所有映像檔，包括中間層
`-f, --filter=[]`	提供篩選功能
`--no-trunc`	不切斷映像檔ID（顯示完整的ID）
`-q, --quiet`	只顯示映像檔的ID

以下示範幾個 `images` 指令：

```
$ docker images
REPOSITORY              TAG      IMAGE ID        CREATED      VIRTUAL SIZE
shrikrishna/code.it     v1       a7cb6737a2f6    6m ago       704.4 MB
```

指令顯示出全部上層映像檔，含檔案庫、標籤與實際所使用的磁碟空間。

Docker映像檔是由許多唯讀檔案系統所堆疊成，如AUFS這類多層次檔案系統，可整合每一層檔案系統，而使用它時就像一個檔案系統。

以Docker的專用名詞來說，唯讀檔案層就是一個不會變動的映像檔，執行一個容器時，該行程認定其檔案系統是可讀寫的，但對檔案系統的變動只寫在最上面可寫的檔案層，而這個檔案層是在容器啟動時自動加入，在它之下的唯讀檔案層仍然保持唯讀。當送交（commit）一個容器時，先凍結原本可讀寫最上層檔案層（下面的檔案層原本就唯讀了），再將這個檔案層轉存為映像檔。之後再使用這個映像檔啟動一個容器時，所有檔案層是唯讀的，這個容器的變動資料再寫入一個新產生在最上層可寫的檔案層。然而，因為有AUFS的關係，這些執行容器的行程都自認為檔案系統是可讀寫的。

將code.it範例用一個較粗略的層次描述，如下圖：

xyz / code it : Our application added
dockerfile / nodejs : With latest version of nodejs
dockerfile / python : With Python and pip
dockerfile / ubuntu : With build-essential, curl, git, htop, vim, wget
ubuntu : 14.04 => Base Image
Host Kernel

 注意

這提醒我們，AUFS是如何有效地整合這些檔案層，並提供穩定的效能。但不可避免的，事情也可能出錯，就像AUFS有最多42個檔案層的限制，超過限制時就不允許再產生新的檔案層而出現錯誤，更多有關的討論請參考 `https://github.com/docker/docker/issues/1171`。

以下指令可列出最近產生的映像檔：

```
$ docker images | head
```

使用「-f」選項可再加入篩選值，使用key=value的方式指定，常用來取得懸而未定 (dangling) 的映像檔清單：

```
$ docker images -f "dangling=true"
```

上述指令列出了無標籤資訊的映像檔，這就是了，dangling代表已提交或建立，但又沒有標籤的映像檔。

rmi－刪除映像檔指令

rmi 指令可刪除映像檔，刪除一個映像檔時，也會一併刪除所依賴且在取出（pull）時所下載的相關映像檔。

```
$ docker rmi [OPTION] {IMAGE(s)}
```

選項	說明
-f, --force	強制刪除映像檔
--no-prune	不刪除沒標籤的上層映像檔

以下指令可刪除系統中的一個映像檔：

```
$ docker rmi test
```

save－儲存指令

save 指令將一個映像檔或檔案庫（repository）儲存爲一個 tar 包裏檔，並輸出至標準輸出（stdout），保存了這映像檔的父檔案層（parent layers）與元資料（metadata）：

```
$ docker save -o codeit.tar code.it
```

使用「-o」選項讓我們可以不使用預設的標準輸出（stdout）而指定一個檔名，通常用來備份，並在日後能使用 docker load 指令還原備份。

load－還原指令

load 指令可讀取一個 tar 包裏備份檔，將檔案層與元資料還原成映像檔：

```
$ docker load -i codeit.tar
```

使用「-i」選項指定一個檔案，而不是從標準輸入（stdin）取得輸入串流。

export －匯出指令

export 指令將容器的檔案系統儲存爲 tar 包裹檔，並將內容輸出至標準輸出（stdout），它將容器內所有的檔案層整合包裝，因此，映像檔的歷史記錄元資料（metadata）將不會被儲存下來：

```
$ sudo Docker export red_panda > latest.tar
```

上述指令中的 red_panda 是在系統的一個容器。

import －匯入指令

import 指令先建立一個空的映像檔，再將 tar 包裹檔的內容匯入進去，你可以使用選項爲映像檔加入標籤：

```
$ docker import URL|- [REPOSITORY[:TAG]]
```

URL 必須以 http 爲開頭。

```
$ docker import http://example.com/test.tar.gz # url 的範例
```

如果想從本地端目錄或包裹檔匯入，可使用「-」減號由標準輸入取得串流：

```
$ cat sample.tgz | docker import - testimage:imported
```

tag －標籤指令

你可以使用 tag 指令，爲映像檔加入容器辨認的版本資訊。

例如，有一個 python 映像檔名爲 python:latest，代表它是最新版本的 Python，但不論最新版本爲何，舊版的映像檔仍有標籤以辨別它的版本，所以 python:2.7 代表這個映像檔內安裝了 Python 2.7 版。所以，tag 標籤可用來表示映像檔內的軟體版本，或任何可用來辨別映像用途的版本名稱：

```
$ docker tag IMAGE [REGISTRYHOST/][USERNAME/]NAME[:TAG]
```

上述指令的REGISTRYHOST只有在使用私人用的檔案庫才需要，單一映像檔可擁有多個標籤：

```
$ docker tag shrikrishna/code.it:v1 shrikrishna/code.it:latest
```

 提示

設定映像檔標籤時都應遵循 username/repository:tag的格式慣例。

現在，執行docker images指令可列出一個映像檔有v1與latest兩個標籤：

```
$ docker images
REPOSITORY              TAG        IMAGE ID        CREATED        VIRTUAL SIZE
shrikrishna/code.it     v1         a7cb6737a2f6    8 days ago     704.4 MB
shrikrishna/code.it     latest     a7cb6737a2f6    8 days ago     704.4 MB
```

login－登入指令

login指令是用來註冊或登入Docker登錄伺服器，如果未指定任何伺服器，預設使用 https://index.docker.io/v1/：

```
$ Docker login [OPTIONS] [SERVER]
```

選項	說明
-e, --email=""	指定Email
-p, --password=""	指定密碼
-u, --username=""	指定帳號

若未指定選項，伺服器會出現命令對話要求提供資料，第一次成功登入時，這些資料會儲存在使用者家目錄下 .dockercfg檔案中。

push － 推送指令

push 指令可以將映像檔推送至公開映像檔登錄庫中，或可推送至私人登錄庫：

```
$ docker push NAME[:TAG]
```

history － 映像檔歷程指令

history 指令列出一個映像檔的歷程：

```
$ docker history shykes/nodejs
IMAGE            CREATED         CREATED BY                    SIZE
6592508b0790     15 months ago   /bin/sh -c wget http://nodejs.   15.07 MB
0a2ff988ae20     15 months ago   /bin/sh -c apt-get install ...   25.49 MB
43c5d81f45de     15 months ago   /bin/sh -c apt-get update        96.48 MB
b750fe79269d     16 months ago   /bin/bash                        77 B
27cf78414709     16 months ago                                    175.3 MB
```

events － 事件指令

events 指令即時印出 docker 服務的事件：

```
$ docker events [OPTIONS]
```

選項	說明
--since=""	顯示由什麼時間開始的事件
--until=""	顯示到什麼時間為止的事件

events 指令的示範如下：

```
$ docker events
```

現在，開啟另一個終端機分頁，執行：

```
$ docker start code.it
```

51

再執行以下指令：

```
$ docker stop code.it
```

接著回到剛才執行events指令的終端機觀察輸出，會多出以下幾行：

```
[2014-07-21 21:31:50 +0530 IST]
c7f2485863b2c7d0071477e6cb8c8301021ef9036afd4620702a0de08a4b3f7b: (from
dockerfile/nodejs:latest) start

[2014-07-21 21:31:57 +0530 IST]
c7f2485863b2c7d0071477e6cb8c8301021ef9036afd4620702a0de08a4b3f7b: (from
dockerfile/nodejs:latest) stop

[2014-07-21 21:31:57 +0530 IST]
c7f2485863b2c7d0071477e6cb8c8301021ef9036afd4620702a0de08a4b3f7b: (from
dockerfile/nodejs:latest) die
```

可搭配使用「--since」與「--until」以印出特定時間區間的事件日誌。

wait－等待指令

wait指令能暫停工作直到一個容器停止，接著輸出結束碼：

```
$ docker wait CONTAINER(s)
```

build－建立映像檔指令

build指令可以指定特定位置的原始碼，依其描述建立映像檔：

```
$ Docker build [OPTIONS] PATH | URL | -
```

選項	說明
`-t, --tag=""`	這是當建立成功時，映像檔所在檔案庫的名稱（可加入標籤）
`-q, --quiet`	不輸出訊息，預設為顯示訊息
`--rm=true`	當成功建立後，刪除過程中所產生的容器
`--force-rm`	不論成功建立與否，都刪除過程中所產生的容器
`--no-cache`	在建立過程中不使用快取

這個指令使用一個「Dockerfile」與內容來建立一個映像檔。

Dockerfile如同Makefile一樣，內容涵蓋建立一個映像檔的各種設定、命令與步驟，在下一節內容中將會介紹如何撰寫Dockerfile。

 提示

先去看下一節介紹Dockerfile後，再回來這裏應該是個不錯的主意，對於這個指令應該會更清楚它的運作方式。

在PATH或URL中定義的是想要建立的「環境內文（context）」，環境內文是指Dockerfile中的檔案或目錄，例如，ADD命令（這也是不能使用像ADD ../file.txt的原因，因爲它不是環境內文！）。

如果選項內有git://協定的網址或GitHub的網址，環境內文指的就是檔案庫，檔案庫與其子模組會在本機中複製後，再上傳至docker服務成爲環境內文。這允許你將Dockerfile放在私人的Git檔案庫，讓你可以透過**VPN（Virtual Private Network）**認證後存取Dockerfile。

上傳至Docker服務

還記得Docker引擎包括了docker服務與客戶端工具吧，運作方式是透過客戶端工具所下的指令通過TCP通道與docker服務溝通，將遠端docker服務的位置設定於DOCKER_HOST環境變數後，docker服務與Docker主機就可以在不同的機器（這也是boot2Docker可以運作的原因）。

使用docker build指令時如果指定了環境內文，所有在本機環境內文目錄下的檔案會包裝之後傳送至docker服務，可使用PATH變數指定檔案的位置，提供給docker服務進行環境內文的建置工作，所以，當你執行docker build指令時，所有在目前目錄下的檔案都將被上傳，而不是只有Dockerfile中列出的檔案。

雖然這樣可能會造成一些問題（如Git或一些整合開發工具像Eclipse會產生一些隱藏目錄以儲存設定值），Docker提供一個設定排除（忽略）特定檔案或目錄的機制，在PATH變數中指定一個名稱爲.dockerignore的排除清單，可參考範例https://github.com/docker/docker/blob/master/.dockerignore。

如果在不設定環境內文時，也就是使用網址（URL）或從標準輸入指定Dockerfile內容時，ADD指令只能參考到遠端網址的檔案。

接下來我們開始要透過Dockerfile來建置code.it範例映像檔了，以下產生Dockerfile步驟的相關介紹可參考本章的Dockefile。

現在請先建立一個目錄並將Dockerfile放在該目錄下，使用終端機切換至該目錄，並執行docker build指令。

```
$ docker build -t shrikrishna/code.it:docker Dockerfile .
Sending build context to Docker daemon  2.56 kB
Sending build context to Docker daemon
Step 0 : FROM Dockerfile/nodejs
 ---> 1535da87b710
```

```
Step 1 : MAINTAINER Shrikrishna Holla <s**a@gmail.com>
 ---> Running in e4be61c08592
 ---> 4c0eabc44a95
Removing intermediate container e4be61c08592
Step 2 : WORKDIR /home
 ---> Running in 067e8951cb22
 ---> 81ead6b62246
Removing intermediate container 067e8951cb22
. . . . .
. . . . .
Step 7 : EXPOSE  8000
 ---> Running in 201e07ec35d3
 ---> 1db6830431cd
Removing intermediate container 201e07ec35d3
Step 8 : WORKDIR /home
 ---> Running in cd128a6f090c
 ---> ba05b89b9cc1
Removing intermediate container cd128a6f090c
Step 9 : CMD      ["/usr/bin/node", "/home/code.it/app.js"]
 ---> Running in 6da5d364e3e1
 ---> 031e9ed9352c
Removing intermediate container 6da5d364e3e1
Successfully built 031e9ed9352c
```

現在可以觀察最新出爐的映像檔了：

```
$ docker images
REPOSITORY            TAG          IMAGE ID        CREATED        VIRTUAL SIZE
shrikrishna/code.it   Dockerfile   031e9ed9352c    21 hours ago   1.02 GB
```

再執行一次相同指令，可看到使用快取的不同：

```
$ docker build -t shrikrishna/code.it:dockerfile .
Sending build context to Docker daemon   2.56 kB
Sending build context to Docker daemon
Step 0 : FROM dockerfile/nodejs
 ---> 1535da87b710
Step 1 : MAINTAINER Shrikrishna Holla <s**a@gmail.com>
 ---> Using cache
 ---> 4c0eabc44a95
Step 2 : WORKDIR /home
 ---> Using cache
```

```
 ---> 81ead6b62246
Step 3 : RUN      git clone https://github.com/shrikrishnaholla/code.
it.git
 ---> Using cache
 ---> adb4843236d4
Step 4 : WORKDIR code.it
 ---> Using cache
 ---> 755d248840bb
Step 5 : RUN      git submodule update --init --recursive
 ---> Using cache
 ---> 2204a519efd3
Step 6 : RUN      npm install
 ---> Using cache
 ---> 501e028d7945
Step 7 : EXPOSE  8000
 ---> Using cache
 ---> 1db6830431cd
Step 8 : WORKDIR /home
 ---> Using cache
 ---> ba05b89b9cc1
Step 9 : CMD      ["/usr/bin/node", "/home/code.it/app.js"]
 ---> Using cache
 ---> 031e9ed9352c
Successfully built 031e9ed9352c
```

 提示

可以修改 Dockerfile 來測試快取，例如更換其中一行（如改掉 port 號碼），或在任何
步驟中加入一行 RUN echo "testing cache"，再觀察執行時有什麼變化。

以下是以檔案庫的網址（repository URL）建立映像檔的範例：

```
$ docker build -t shrikrishna/optimus:git_url \ git://github.com/
shrikrishnaholla/optimus
Sending build context to Docker daemon 1.305 MB
Sending build context to Docker daemon
Step 0 : FROM       dockerfile/nodejs
---> 1535da87b710
Step 1 : MAINTAINER  Shrikrishna Holla
 ---> Running in d2aae3dba68c
```

```
 ---> 0e8636eac25b
Removing intermediate container d2aae3dba68c
Step 2 : RUN           git clone https://github.com/pesos/optimus.git
/home/optimus
 ---> Running in 0b46e254e90a
 . . . . .
 . . . . .
 . . . . .
Step 5 : CMD           ["/usr/local/bin/npm", "start"]
 ---> Running in 0e01c71faa0b
 ---> 0f0dd3deae65
Removing intermediate container 0e01c71faa0b
Successfully built 0f0dd3deae65
```

2.4 Dockerfile

我們已經看到如何提交容器並建立映像檔了，如果你想要為應用程式更新套件並產生新的映像檔呢？一直重頭開始由啟動、設定、提供是不切實際的，我們需要一個可以重複製作的方法，那就是 Dockerfile 了，它就只單純的純文字檔案，裡面描述了如何自動產生映像檔的步驟，執行 docker build 指令就能循序讀取檔案中的每一步驟，提交並建立映像檔。

docker build 指令以 Dockerfile 與所提供的環境內文（context）為基礎，執行在 Dockerfile 中的命令並建置一個 Docker 映像檔，而環境內文可在執行指令時以路徑或檔案庫的網址方式指定。

Docker 內的步驟描述如下：

```
# Comment
INSTRUCTION arguments
```

以井號（#）為開頭的該行都視為註解，但如果井號不在開頭，則代表命令參數的一部份，命令不分大小寫，但慣例上命令都使用全大寫，目的是方便辨認並與參數做區隔。

讓我們開始認識 Dockerfile 內的命令（instruction）吧。

FROM－基礎映像檔命令

FROM 命令為設定基礎的映像檔，一個合乎規格的 Dockerfile 的第一行（除了註解外）應為 FROM 命令：

```
FROM <image>:<tag>
```

指定的映像檔可以為本地或公開檔案庫中的映像檔，如果在本地找不到時，docker build 指令會試著從公開登錄庫中下載，標籤 tag 可選擇性加入，未指定標籤時則預設使用 latest，假如指定的標籤不正確，則會回傳錯誤。

MAINTAINER－維護者命令

提供你設定映像檔的擁有者名稱：

```
MAINTAINER <name>
```

RUN－執行命令

RUN 命令可在目前的映像檔中產生一新的檔案層，並執行被指定的指令，執行後會自動送交，這個全新的映像檔即提供給下一個命令使用。

RUN 命令有以下兩種格式：

- RUN <command>

- RUN ["executable", "arg1", "arg2"...]

第一種格式將以 shell 執行指令，方式為 /bin/sh -c <command>。若是映像檔沒有 /bin/sh 的時候適合第二種格式，Docker 在映像檔建立時會使用快取，所以假如映像檔建立時在某個步驟失敗了，下次執行時會使用前一次成功的部份並從失敗處再建置後續的步驟。

快取會在以下情形失效：

- 執行docker build時使用--no-cache選項。

- 當執行到無法快取的指令時，如apt-get update，後續的RUN命令都會實際執行。

- 使用ADD加入命令時，如果它加入的環境內文檔案更動過時，在此ADD命令後的RUN命令的快取都會失效。

CMD－啟動工作命令

CMD命令提供容器啟動時的預設執行指令，有以下三種格式：

- CMD ["executable", "arg1", "arg2"...]

- CMD ["arg1", "arg2"...]

- CMD command arg1 arg2

第一種格式執行方式像exec，建議使用此格式，第一個值是指令的完整路徑，接續的值為該指令所使用的參數。

第二種格式就只是參數，還需要ENTRYPOINT命令指示所使用的指令。

第三種提供命令的方式將使用/bin/sh -c執行。

 注意

如果使用者在docker run時一併指定了執行指令時，它將不會執行CMD所給的指令。

RUN 與 CMD 命令的不同點是，RUN 命令立即執行指令並提交，而 CMD 並不在建置時執行任何指令，而是映像檔建置完成後，使用者以映像檔執行一個容器時，在容器啟動後會自動執行 CMD 所定義的指令。

例如，我們撰寫一個會在終端機輸出 Star Wars 的 Dockerfile：

```
FROM ubuntu:14.04
MAINTAINER shrikrishna
RUN apt-get -y install telnet
CMD ["/usr/bin/telnet", "towel.blinkenlights.nl"]
```

將它儲存在一個名為 star_wars 的目錄，再開啟終端機變換至目錄下，再執行指令：

```
$ docker build -t starwars .
```

建置完成後，請執行指令：

```
$ docker run -it starwars
```

以下是該容器的執行結果：

現在，你可以在終端機中看 **Star Wars**！

 注意

Star Wars 字樣由 Simon Jansen、Sten Spans 與 Mike Edwards 所提供，看完後可按下 Ctrl+]，後輸入 `close` 關閉。

ENTRYPOINT —進入點命令

ENTRYPOINT 命令讓我們能將映像檔變成可執行，換句話說，利用 ENTRYPOINT 命令指定可執行檔後，容器就會像一般的執行檔般執行了。

ENTRYPOINT 命令有以下兩種格式：

1. ENTRYPOINT ["executable", "arg1", "arg2"...]

2. ENTRYPOINT command arg1 arg2 …

這個命令加入的執行指令不像 CMD 命令會被 `docker run` 指令所附的指令覆寫，也允許執行指令時加入參數，使用 `docker run <image> -arg`，可在執行時再決定參數即可，參數會傳遞至容器內。

如果在 ENTRYPOINT 命令的後面加上參數，則不像 CMD 命令的參數會被 `docker run` 指令執行時所傳入的參數替換掉。

舉例來說，我們產生一個 Dockerfile，再加入 ENTRYPOINT 命令並使用 cowsay 指令：

 注意

cowsay 是以 ASCII 字元輸出一頭母牛與文字的指令，它也可以產生別種動物的圖，如 Linux 的吉祥物— Tux 企鵝。

```
FROM ubuntu:14.04
RUN apt-get -y install cowsay
ENTRYPOINT ["/usr/games/cowsay"]
CMD ["Docker is so awesomooooooooo!"]
```

建立cowsay新目錄，將上述內容儲存在目錄下，檔案名稱為Dockerfile，在
終端機中切換至cowsay目錄下，執行以下指令：

```
$ docker build -t cowsay .
```

建立映像檔後，再執行以下指令：

```
$ docker run cowsay
```

以上指令執行的結果如下圖：

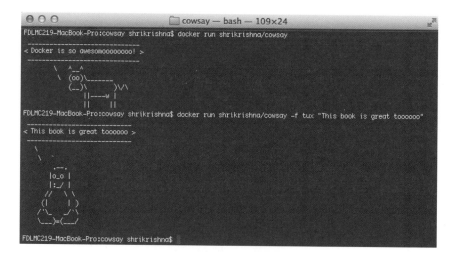

如果仔細觀察上圖結果，第一次執行時沒有任何參數，所以使用Dockerfile內的
參數，然而在第二次執行時，當我們給予了參數，它就取代了原本參數而使用
被給予的參數了（-f選項與後續的名稱與句子）。

> **注意**
>
> 如果你喜歡惡搞，有個提示給你玩玩，依照 http://superuser.com/a/175802 的方法產生一個預行腳本（pre-exec script），預行腳本會在每個指令執行時被自動呼叫，將它放在 .bashrc 檔案中執行，如此一來，cowsay 就會在每個程式執行時，將指令放在用字元畫出來的氣球內，就像 ASCII 母牛在說話一般！

WORKDIR－工作路徑命令

WORKDIR 命令可設定當使用 RUN、CMD 與 ENTRYPOINT 時的工作路徑（目錄），使用方法如下：

```
WORKDIR /path/to/working/directory
```

在 Dockerfile 中可用在多個地方，以相對路徑表示時，則會參照到上一個 WORKDIR 命令指定的路徑。

EXPOSE－揭露命令

EXPOSE 命令讓 Docker 知道某個 port 可揭露並讓外界存取：

```
EXPOSE port1 port2 …
```

就算加入揭露埠號命令，在產生容器時仍需要在執行 docker run 時使用「-p」選項以提供埠號對應，這個命令對於建立容器間的連結很有用，在第三章的「連結容器」一節中會進一步介紹。

ENV－環境變數命令

ENV 命令可設定環境變數：

```
ENV <key> <value>
```

使用鍵 (key) 與值 (value) 的對應方式設定,變數可使用在後續的RUN命令中,功能與使用 <key>=<value> 相同。

使用ENV設定環境變數會持續存在,代表使用此映像檔執行容器時,環境變數都存在於執行的行程中,使用docker inspect指令可以列出產生映像檔時所設定的變數值,但也可以使用docker run -env <key>=<value>指令覆蓋這些變數。

USER－執行帳號命令

USER命令可設定映像檔與後續RUN命令執行時的帳號,可使用帳號名稱或UID:

```
USER xyz
```

VOLUME－卷冊命令

VOLUME命令會依所給的名稱建立掛載目錄,供日後掛載由主機或其他容器提供的卷冊:

```
VOLUME [path]
```

以下是使用範例:

```
VOLUME ["/data"]
```

以下是另一個使用範例:

```
VOLUME /var/log
```

兩種都是合法的格式。

ADD－加入命令

ADD 命令可將檔案複製到映像檔中：

```
ADD  <src>  <dest>
```

ADD 命令將檔案由來源 `<src>` 複製到目的地 `<dest>`。

`<src>` 必須是建置所在地的一個檔案或相對目錄，或是遠端的網址（URL）。

`<dest>` 路徑則是來源檔案複製到容器中的絕對路徑。

> **注意**
>
> 如果在建立映像檔時使用標準輸入方式提供 Dockerfile 內容（docker build -
> <somefile），此時並沒有環境內文，因此 Dockerfile 中只能使用網址類型的 ADD 命
> 令。另外，你也可以將包裹好的檔案以標準輸入方式傳入建置指令（docker build
> - < archive.tar），Docker 會在包裹檔中的最上層路徑搜尋 Dockerfile，而包裹檔內
> 所有目錄與檔案就是本次建置指令的環境內文。

ADD 命令遵循以下規則：

- `<src>` 路徑一定要存在於建置指令的環境內文中。

- 當 `<src>` 是個路徑，而且 `<dest>` 路徑最後一個字元不是目錄分隔斜線
  （不是目錄而是個檔案）時，則來源網址的檔案將被更名並複製到目的
  地。

- 當 `<src>` 是個路徑，而且 `<dest>` 路徑最後一個字元為目錄分隔斜線（是
  個目錄）時，則來源網址上的檔案名稱會保留，並複製到目的目錄下
  `<dest>/filename`。因此，此時指定網址時不能使用如 example.com 簡
  短的格式。

- 當 `<src>` 是個目錄時，整個來源目錄下的所有檔案都會被複製。

- 當 `<src>` 是個本地包裹檔時，則會解開後放在 `<dest>` 目的目錄下，最後 `<dest>` 為以下的總合：

  · 原本已存在 `<dest>` 下的所有檔案與目錄。

  · 包裹檔解開後的檔案，已存在的舊檔案會被取代。

- 如果 `<dest>` 不存在，則會層層建立必要的目錄。

COPY － 複製命令

COPY 命令可複製檔案到映像檔：

```
COPY <src> <dest>
```

與 ADD 命令類似，不同處在於 COPY 命令無法複製不在環境內文的檔案，因此，當使用標準輸入讀取 Dockerfile 或使用網址（不使用原始碼檔案庫）時，就無法使用 COPY 命令。

ONBUILD － 觸發命令

ONBUILD 可以在目前映像檔加入一個觸發指令，當未來有人使用這個映像檔為基礎，想要建立另一個映像檔時，這個被加入的指令會被自動執行：

```
ONBUILD [INSTRUCTION]
```

當有些原始程式使用到必須先編譯完成的函式時，ONBUILD 指令就很重要了，任何除了 FROM、MAINTAINER 與 ONBUILD 以外的命令都可使用。

以下介紹命令是如何運作：

1. 在建置過程中遇到 ONBUILD 命令，會在映像檔的 metadata 中註冊一個觸發器，不會影響目前其他的建置動作。

2. 像這樣的觸發器會在建置流程的最後，在映像檔的清單資訊中加入一個 OnBuild（可使用 docker inspect 指令顯示）。

3. 當這個映像檔在其他建置過程被使用爲基礎映像檔時（如 FROM 命令中），會讀取映像檔中的 OnBuild 觸發鍵值並執行它的內容值，執行成功的話，FROM 命令成功並繼續進行後續建置工作。如果任何一個執行失敗，則中止 FROM 命令，建置流程也失敗。

4. 當後面的映像檔建置成功，則會清除所有的觸發器，也就是說不會被繼承到下一個映像檔。

讓我們繼續玩一下 cowsay！以下是使用 ONBUILD 命令的 Dockerfile：

```
FROM ubuntu:14.04
RUN apt-get -y install cowsay
RUN apt-get -y install fortune
ENTRYPOINT ["/usr/games/cowsay"]
CMD ["Docker is so awesomooooooooo!"]
ONBUILD RUN /usr/games/fortune | /usr/games/cowsay
```

請將檔案儲存在一個目錄下，目錄名稱爲 OnBuild，並在終端機中切換到該目錄下，並執行以下指令：

```
$ Docker build -t shrikrishna/onbuild .
```

需要再產生另一個使用此映像檔的 Dockerfile，如下：

```
FROM shrikrishna/onbuild
RUN  apt-get moo
CMD ['/usr/bin/apt-get', 'moo']
```

注意

指令apt-get moo是個程式彩蛋，在很多開放源碼工具中很常見，加入只為搏君一笑！

建置此映像檔時會先執行早前所加入的ONBUILD命令：

```
$ docker build -t shrikrishna/apt-moo apt-moo/
Sending build context to Docker daemon   2.56 kB
Sending build context to Docker daemon
Step 0 : FROM shrikrishna/onbuild
# Executing 1 build triggers
Step onbuild-0 : RUN /usr/games/fortune | /usr/games/cowsay
 ---> Running in 887592730f3d
 _____
/ It was all so different before \
\ everything changed.            /
 --------------------------------
        \    ^__^
         \   (oo)_____
            (__)\       )\/\
                ||----w |
                ||     ||
 ---> df01e4ca1dc7
 ---> df01e4ca1dc7
Removing intermediate container 887592730f3d
Step 1 : RUN  apt-get moo
 ---> Running in fc596cb91c2a
                 (__)
                 (oo)
           /------\/
          / |    ||
         *  /\---/\
            ~~   ~~
..."Have you mooed today?"...
 ---> 623cd16a51a7
Removing intermediate container fc596cb91c2a
Step 2 : CMD ['/usr/bin/apt-get', 'moo']
 ---> Running in 22aa0b415af4
 ---> 7e03264fbb76
Removing intermediate container 22aa0b415af4
```

```
Successfully built 7e03264fbb76
```

現在讓我們將最新學到的知識應用到code.it，記得之前以手動方式安裝相依套件並送交的code.it應用程式嗎？現在爲它寫個Dockerfile：

```
# Version 1.0
FROM dockerfile/nodejs
MAINTAINER Shrikrishna Holla <s**a@gmail.com>

WORKDIR /home
RUN     git clone \ https://github.com/shrikrishnaholla/code.it.git

WORKDIR code.it
RUN     git submodule update --init --recursive
RUN     npm install

EXPOSE  8000

WORKDIR /home
CMD     ["/usr/bin/node", "/home/code.it/app.js"]
```

先建一個名稱爲code.it的目錄，將上述命令儲存在目錄下，名稱爲Dockerfile。

 注 意

就算不需要指定環境內文，最好還是分別為不同的Dockerfile建立目錄，如此一來才能讓不同專案有不同的環境，你可能也發現許多在Dockerfile club的作者的RUN命令也有這樣的習慣，（可參考dockerfile.github.io站內的Dockerfiles），原因是AUFS仍有最多只能使用42個檔案層的限制，如需更多資訊，請參考 https://github.com/docker/docker/issues/1171。

你現在可回到Docker建置的章節瞭解如何使用Dockerfile建置映像檔了。

2.5 Docker工作流程－pull-use-modify-commit-push（取出-使用-修改-送交-上傳）

我們也接近本章的尾聲了，來談談一般常見的Docker流程如下：

1. 準備好應用程式的必要環境需求清單。

2. 決定使用那個公開映像檔能夠符合大多數的需求，也要考慮該映像檔後續是否能獲得良好的維護更新（如果你需要保持映像檔為最新版本，這點很重要）。

3. 接著啓動容器並執行必要的指令以滿足其餘需求（可能是安裝相依性套件、掛載外部卷冊或抓取原始碼），如果希望未來能重複建置映像檔，可以選擇建立Dockerfile達成目的。

4. 將剛產生的映像檔上傳（push）到公開的Docker登錄庫，好讓社群都能使用（或私人的登錄庫、檔案庫）。

2.6 自動化建置（Automated Builds）

Automated Builds是一個由GitHub或BitBucket到Docker Hub的自動建置與更新映像檔服務，藉由連結GitHub或BitBucket檔案庫，並監控上傳（push）送交動作將觸發建置與更新映像檔工作，如此一來，在每次更新原始碼後，就不需要手動建置與push映像檔到Docker Hub了。設定的步驟如下：

1. 先登入Docker Hub帳號。

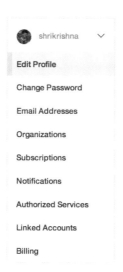

2. 在 **Link Accounts** 選單下可建立與GitHub或BitBucket的連結。

3. 在 **Add Repository** 選單下選擇 **Automated Build**。

4. 選擇你想要連結GitHub或BitBucket專案，專案中應有Dockerfile（需要授權Docker Hub存取指定的檔案庫）。

5. 選擇一個內有Dockerfile的原始碼分支（預設使用master分支）。

6. 為這個Automated Build取個名稱，在此使用與檔案庫相同的名稱。

7. 指定建置映像檔的標籤，預設為 lastest。

8. 選擇 Dockerfile，預設為根目錄 /。

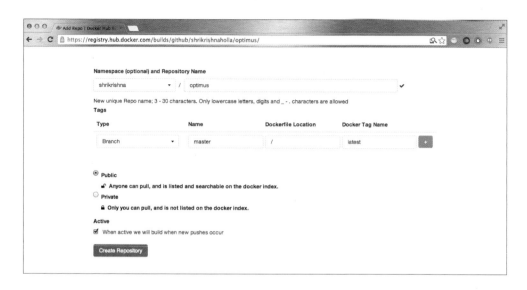

設定完成後，將會自動開始建置映像檔，幾分鐘後你應該可以在 Docker Hub
中看到映像檔。除非你自己停用 Automated Buiild 功能，否則它將會一直與
GitHub 或 BitBucket 檔案庫的內容保持同步狀態。

可在 Docker Hub 的 Automated Build 頁面中查詢建置的狀態與歷史記錄。

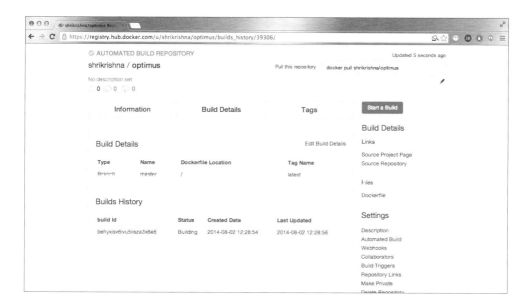

建立 Automated Build 後，你可以自行啓用或停用它。

你可以在一個檔案庫中建立多個 Automated Builds，並分別設定連結到不同的 Dockerfile 或 Git 的分支。

建置的觸發器（Build triggers）

透過在 Docker Hub 中的網址也可以觸發啓動 Automated Build，讓你在需要時重建映像檔。

Webhooks

Webhooks 是一個能夠在建置成功時自動發出的觸發器，利用 webhook 指定一個目標網址，當映像檔上傳完成時，可自動通知該網址，網址處理程式將收到一個 JSON 格式資料，webhooks 可幫助你建立一個無接縫的工作流程。以下步驟可在 GitHub 檔案庫中加入 webhook：

1. 在檔案庫中點擊 **Settings**。

2. 在左邊的選單中點擊 **Webhooks and Services**。

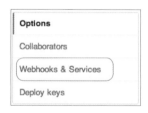

3. 接著按下 **Add Service** 建立服務。

4. 在顯示的輸入方塊中打入 **Docker**，再選擇下方篩選結果 Docker。

5. 完成，以後在送交程式碼到 GitHub 後，Docker Hub 會自動觸發建置工作。

2.7 總結

這個章節著重在認識並實際使用 Docker 命令列工具，接著瞭解如何使用 Dockerfile 重複建置映像檔，而且利用 Docker Hub 的自動建置功能，我們可以讓整個建置變得更自動化。

在下一章，我們將試著使用不同指令以調校並控制容器的運作，著重於調整容器所使用的各項資源 (CPU、記憶體與磁碟)。

## 第 3 章

設定 Docker 容器

本章涵蓋主題如下

- 限制資源
- 管理容器內的卷冊
- 設置 Docker 使用不同的儲存驅動
- 設定網路
- 容器間的連結

上一章我們看到 Docker 的許多指令，介紹了有關如何取出映像檔、執行容器、將映像檔附掛、送交、上傳至檔案庫等，也學習如何撰寫 Dockerfile，利用它來重複建置映像檔。

這個章節我們將進一步控制容器的執行，雖然容器是在一個隔離的環境中執行，但也難以避免有些容器內的行程如迷途羔羊般擾亂到其他容器的使用資源，甚至影響到主機，例如，應避免使用以下指令（請不要執行）：

```
$ docker run ubuntu /bin/bash -c ":(){ :|:& };:"
```

因為上述指令就像是容器，甚至主機中的一個連鎖炸彈（fork bomb）。

維基百科對 fork bomb 的定義為：

> "對電腦系統來説，fork bomb 是一個在行程中不斷自我複製以耗盡系統資源的阻斷攻擊，它會造成系統資源短缺或崩潰。"

Docker 當然希望能應用在上線環境，單一容器會拖垮其他容器的問題是很嚴重的，因此，有幾個機制可以限制容器可使用的資源，這就是本章要介紹的重點。

在前一章講到 docker run 指令時有稍微談到卷冊（volumes），在此我們將介紹為什麼它如此重要，以及探討如何正確使用卷冊，也會試著更換 docker 服務所使用的儲存驅動。

另一個重點是網路，你可能也注意到容器執行時使用 Docker 隨機選擇的 subnet 與 IP 位址（預設通常為 172.17.42.0/16），在此我們將會設定使用自定的 subnet 並探索其他可幫助網路管理的選項。許多應用情境需要在不同容器間互通（想像有一個容器執行應用程式，資料庫在另一個容器）。因為在建置時期無法取得 IP 位址，所以需要一個能夠動態探索到另一個容器中服務的機制，不論這些容器在同一主機或在不同主機，我們都將會解決這個問題。

簡單來說，在本章我們將探討以下課題：

- 限制資源

  · CPU

  · 記憶體

  · 儲存

- 管理容器內的卷冊

- 設置 Docker 使用不同的儲存驅動

- 設定網路

  · 埠號轉送（port forwarding）

  · 自訂 IP 位址區段

- 容器間的連結

  · 在同一台主機中連結不同容器

  · 使用 ambassador 容器以達到跨主機連結

3.1 限制資源的機制

任何提供隔離執行能力的工具都一定要提供限制資源的機制，Docker 提供能夠限制容器在啟動時使用 CPU 與記憶體的機制。

設定 CPU 用量

執行 docker run 指令時可加上選項「-c」來控制容器使用的 CPU 用量：

```
$ docker run -c 10 -it ubuntu /bin/bash
```

以上指令使用了 10 為該容器的相對優先權值，容器預設為相同的優先權值，代表容器使用相同比例的 CPU 行程，可執行 $ cat /sys/fs/cgroup/cpu/docker/cpu.shares 觀察 (boot2Docker 使用者請在執行指令將 SSH 加入 VM)，因此，你可以在執行容器時指定自訂的優先權值。

執行中的容器還能夠設定 CPU 的優先權值嗎？可以，修改 /sys/fs/cgroup/cpu/docker/<container-id>/cpu.shares 檔案中的優先權值即可。

注意

若找不到上述檔案，可使用 $ grep -w cgroup /proc/mounts | grep -w cpu 指令，先找到 cpu cgroup 掛載的目錄，再設定即可。

其實這個方法只是小技巧，在未來 Docker 決定實作調整 CPU 用量設定時，可能會再推出更好的設定方式，更多有關的資訊可以參考以下網址 https://groups.google.com/forum/#!topic/docker-user/-pP8-KgJJGg。

限制記憶體用量

啟動容器時同樣的也能限定記憶體的用量：

```
$ docker run -m <value><optional unit>
```

記憶體使用的單位可以是 b、k、m 或 g，代表 bytes、kilobytes、megabytes 與 gigabytes。使用範例如下：

```
$ docker run -m 1024m -dit ubuntu /bin/bash
```

代表設定容器執行時使用最高1GB的記憶體。

與之前的CPU用量相同的，你也可以使用指令觀察目前預設記憶體的限制用量：

```
$ cat /sys/fs/cgroup/memory/docker/memory.limit_in_bytes
18446744073709551615
```

該檔案內容顯示的大概是 1.8×10^{10} GB，這代表目前預設記憶體用量幾乎沒什麼限制。

可以限制正在執行中容器的記憶體用量嗎？記憶體的限制與CPU用量相同，都是由cgroup達成的，代表可以透過修改容器的cgroup記憶體設定來限制用量：

```
$ echo 1073741824 > \
/sys/fs/cgroup/memory/docker/<container_id>/memory.limit_in_bytes
```

> **注意**
>
> 若找不到上述檔案，可使用 `$ grep -w cgroup /proc/mounts | grep -w memory`
> 指令，先找到記憶體cgroup掛載的目錄，再設定即可。

這也同樣是暫時的小技巧，Docker也可能為記憶體用量加入其他的設定方式。更多有關的資訊可以參考以下網址 https://groups.google.com/forum/#!topic/docker-user/-pP8-KgJJGg。

設定儲存裝置為虛擬檔案系統（Devicemapper）

限定磁碟用量會有點麻煩，並無直接的方式可限定容器使用的磁碟空間，預設的AUFS儲存驅動不支援磁碟配額（quota）功能，不使用點小技巧是辦不到的（困難之處在於AUFS並沒有自己的區塊設備，更深入的探討可參考 http://aufs.sourceforge.net/aufs.html）。在本書撰寫的當下，大部份的Docker

用戶會改用devicemapper裝置映射驅動以達成磁碟配額的功效，它能讓每個容器限定使用特定的磁碟空間，但是能套用在不同驅動、更普遍化的機制正在設計中，或許在未來的版本會再推出。

 注意

devicemapper是Linux核心的一個框架，可以把區塊設備映射對應為較高階的虛擬區塊設備（virtual block devices）。

Devicemapper驅動使用兩個區塊裝置建立儲存**精簡池 (thin pool)**，分別用來儲存資料與資料的定義（metadata），這些區塊裝置預設都是掛載稀疏文件（sparse file）的loopback裝置。

 注意

稀疏文件 (sparse file) 的內容大都是空的資料，一個100GB的文件中的實際資料，可能只有在檔案前端與最後的幾個位元組（實際占用也只有幾個位元組），但檔案的資訊顯示的卻會是100GB。檔案系統在讀取檔案時自動將檔案內的可用區塊轉換成一般區塊使用，並利用檔案的metadata記錄已使用與可使用的區塊位置。在類UNIX系統中，loopback裝置是一個以檔案模擬為設備的擬真裝置。

被稱為精簡池是因為它只在實際寫入區塊時才將區塊標示為使用中，為每個容器提供一個特定空間的基礎的精簡設備，容器使用空間不能超過此空間。這些精簡設備預設的空間大小為100GB，由於loopback裝置使用的是稀疏文件，因此實際上並不會占用那麼大的空間。

若設定的限制越大則實際占用的空間越多，因為如果限定的空間較大，需要儲存更多的metadata，那占用的空間也將更多。

選項「--storage-opts」可自訂預設的空間大小，但只有在執行docker服務時，加上「dm」（devicemapper驅動）時才使用本選項。

注意

執行本段指令前,請使用 `docker save` 指令備份所有映像檔,並停止 docker 服務,最好能將 `/var/lib/docker/`(Docker 儲存映像檔的位置)內的檔案都移動到其他位置。

Devicemapper 設定

多個設定值如下:

- dm.basesize:指定基礎裝置的空間,可使用在容器與映像檔中,預設值為 10GB,由於裝置是以稀疏文件方式產生的,因此實際上並不會一開始就占用 10GB,而是會在實際寫入資料後遞增,直到最大用量 10GB 為止:

  ```
  $ docker -d -s devicemapper --storage-opt dm.basesize=50G
  ```

- dm.loopdatasize:設定精簡池(thin pool)的大小,預設為 100GB,精簡池是一個稀疏檔案(sparse),不會一開始就占用空間,而是當寫入資料越多,占用的空間才越多:

  ```
  $ docker -d -s devicemapper --storage-opt dm.loopdatasize=1024G
  ```

- dm.loopmetadatasize:前面談到使用到兩個區塊裝置,一個用來儲存資料,另一個用來儲存 metadata,此選項為設定產生 metadata 專用區塊裝置的大小,預設為 2GB,它也是稀疏文件,不會一開始就占用空間,建議至少是整個精簡池的 1%:

  ```
  $ docker -d -s devicemapper --storage-opt dm.loopmetadatasize=10G
  ```

- dm.fs:設定檔案系統型態,支援 ext4 與 xfs 檔案系統,預設為 ext4:

  ```
  $ docker -d -s devicemapper --storage-opt dm.fs=xfs
  ```

- dm.datadev:指定精簡池使用自訂的區塊裝置(不採用 loopback),建議使用這個選項時,同時設定儲存資料與 metadata 的區塊裝置,這樣才是完全不使用 loopback 裝置:

```
$ docker -d -s devicemapper --storage-opt dm.datadev=/dev/sdb1 \
-storage-opt dm.metadatadev=/dev/sdc1
```

還有更多的選項，在 https://github.com/docker/docker/tree/master/
daemon/graphdriver/devmapper/README.md有更詳細的介紹。還有另一個由
Docker開發人員Jérôme Petazzoni的部落格也有討論有關容器調整的文章，請
參考 http://jpetazzo.github.io/2014/01/29/docker-device-mapper-
resize/。

 注意

在更換儲存驅動之後，將無法再使用舊的容器與映像檔。

在本節一開始有提到，使用AUFS仍可透過小技巧達成磁碟配額限制，這個技
巧可讓容器掛載卷冊，在容器中使用以ext4檔案系統爲基礎的loopback裝置：

```
$ DIR=$(mktemp -d)
$ DB_DIR=(mktemp -d)
$ dd if=/dev/zero of=$DIR/data count=102400
$ yes | mkfs -t ext4 $DIR/data
$ mkdir $DB_DIR/db
$ sudo mount -o loop=/dev/loop0 $DIR/data $DB_DIR
```

接下來可以在執行容器時使用「-v」選項掛載主機中的$DB_DIR目錄：

```
$ docker run -v $DB_DIR:/var/lib/mysql mysql mysqld_safe
```

3.2 以卷冊管理容器資料

幾個有關卷冊 (volume) 的重要功能描述如下：

- 卷冊是個目錄，但是它不同於容器的根目錄，是分開的。

- 由docker服務管理卷冊，並可以在容器間使用。

- 可以在容器內掛載主機中的目錄卷冊。

- 當執行中的容器更新一個映像檔時，不會涵蓋卷冊中的更動資料。

- 因為卷冊存在容器的檔案系統之外，所以不會有資料層與儲存狀態的功能，因此，會直接讀寫卷冊目前的資料。

- 如果有多個容器使用同一卷冊，在至少有一個容器使用它之前，卷冊會保持先前的狀態。

執行容器時使用選項「-v」即可以建立卷冊：

```
$ docker run -d -p 80:80 --name apache-1 -v /var/www apache.
```

卷冊沒有 ID 參數，因此沒以命名或加註標籤來辨別卷冊，由於在一個容器使用卷冊之前，卷冊會保持先前的狀態，通常可使用卷冊建立一個專門儲存資料（data-only）的容器。

注意

自 Docker 1.1 開始，即允許使用「-v」選項將主機中的整個檔案系統掛載至容器中使用，如：$ docker run -v /:/my_host ubuntu:ro ls /my_host。但 Docker 仍不允許將外部的卷冊掛載在容器中的根目錄，因為這樣會造成安全性問題。

資料專用容器（data-only）

資料專用容器只提供其他容器來存取資料，它是為了避免容器直接存取卷冊時，因為一些意外導致停止或掛點而造成卷冊損壞。

在其他容器中使用卷冊

在容器執行時加入 -v 選項就建立了卷冊，我們可以在執行另一個容器時使用選項「--volumes-from」就能使用這個卷冊，可使用在資料庫備份、處理日誌與存取使用者資料等案例中。

使用案例－在 Docker 中使用 MongoDB

假如你想在產品線上使用 **MongoDB** 資料庫，可設定排程工作以啓動 MongoDB 伺服器、並在一定的時間重複執行備份目前的資料庫。

注意

MongoDB 是個高效能、高可用性並易擴充的文件資料庫，可以由官網 http://www.mongodb.org 得到更多的資訊。

接下來看看讓 MongoDB 使用 docker 卷冊的設定方法：

1. 首先需要一個資料專用容器，這個容器的唯一工作就是提供 MongoDB 儲存資料的卷冊：

```
$ docker run -v /data/db --name data-only mongo \
echo "MongoDB stores all its data in /data/db"
```

2. 接著我們要執行 MongoDB 伺服器，並使用上一步產生的卷冊儲存資料：

```
$ docker run -d --volumes-from data-only -p 27017:27017 \
--name mongodb-server mongo mongod
```

注意

mongod 是用來執行 MongoDB 伺服器服務的指令，使用 port 27017。

3. 最後，我們只需要執行 backup 工具程式。在本例我們直接將 MongoDB 的資料備份到主機目前的目錄下：

```
$ docker run -d --volumes-from data-only --name mongo-backup \
-v $(pwd):/backup mongo $(mkdir -p /backup && cd /backup && mongodump)
```

注意

上述方法並不是個完整設定MongoDB的產品範例，因為仍需要一個監控MongoDB
伺服器狀態的行程，並且還得要讓MongoDB伺服器容器能被應用程式容器存取。
（將會在後續內容中詳述）。

3.3 設定 Docker 使用不同的儲存驅動

本段指令前，請使用docker save指令來備份所有映像檔，並停止docker服
務，備份所有重要的映像檔後，請刪除/var/lib/docker目錄，因為一旦更換
儲存驅動後，將無法還原舊的映像檔。

我們將更換預設的儲存驅動AUFS為另外兩種驅動，分別是devicemapper與
btrfs。

更換為devicemapper儲存驅動

更換為devicemapper是很容易的，亦即直接在啟動docker服務時加入「-s」選
項：

```
$ docker -d -s devicemapper
```

除此之外，還能再加上「--storage-opts」以設定更多的選項，這些選項與範例
在「限制資源的機制」一節中已深入介紹。

 注意

若你使用的是RedHat或Fedora，由於它們並不支援AUFS，因此在這些環境中
Docker預設使用devicemapper驅動。

更換儲存驅動後，可以使用docker info指令確認是否已更換成功。

更換為btrfs儲存驅動

使用btrfs做為儲存驅動前必須先設定，本節預設使用Ubuntu 14.04，以下的指令會因不同的Linux發行版本而有差異，以下步驟將設定一個使用btrfs檔案系統的裝置：

1. 首先需要先安裝btrfs與其相依套件：

   ```
   # apt-get -y btrfs-tools
   ```

2. 接著為一個儲存裝置建立一個使用btrfs的檔案系統：

   ```
   # mkfs btrfs /dev/sdb
   ```

3. 為Docker映像檔建立一個目錄（此時，你應該已備份重要的映像檔並移除 /var/lib/docker 目錄）：

   ```
   # mkdir /var/lib/docker
   ```

4. 掛載btrfs的裝置到 /var/lib/docker：

   ```
   # mount /dev/sdb var/lib/docker
   ```

5. 檢查是否掛載成功：

   ```
   $ mount | grep btrfs
   /dev/sdb on /var/lib/docker type btrfs (rw)
   ```

 注意

以上步驟來源為http://serverascode.com/2014/06/09/docker-btrfs.html。

現在可以啟動docker服務並加上「-s」選項：

```
$ docker -d -s btrfs
```

更換儲存驅動後，可以使用docker info指令確認是否已更換成功。

3.4 設定 Docker 的網路

Docker 為每個容器建立個別的網域，並使用虛擬橋接器（docker0，virtual bridge）管理容器之間的網路通訊，包括容器與主機之間的連繫。

有幾個網路設定的參數可加在 docker run 執行指令，說明如下：

■ --dns：設定容器使用的 DNS 伺服器以解析網址，如 http://www.docker.io 這個網址，即對應一個執行該網頁的伺服器 IP 位址。

■ --dns-search：設定 DNS 名稱搜尋伺服器。

注意

例如 example.com 設定為名稱搜尋伺服器，它可以提供解析 abc 為 abc.example.com 的服務，如果公司擁有很多的子網域，且時常需要存取這些子網域時，這功能將會節省很多鍵入完整網域名稱的時間，例如：試著存取一個不是完整網域名稱的網站時（如 xyz.abc.com），可將它加入搜尋網域供人查詢。以上說明來自於 http://superuser.com/a/184366。

■ -h 或 --hostname：設定主機名稱，此選項會將名稱加到 /etc/hosts，可以使用名稱替代難記的 IP 位址。

■ --link：這是另一個在執行時可使用的選項，可以在不知道 IP 位址的情況下，讓容器之間可以溝通。

■ --net：這選項可設定容器的網路模式，有以下四種模式：

• bridge：使用 docker 橋接器建立網域。

• none：不為容器建立任何網域，成為完全獨立的容器。

• container：<name|id>：使用另一個容器的網域。

89

‧ host：使用主機的網域。

提示

不過，這些設定都會帶來副作用，例如，允許容器存取主機服務會造成安全問題。

■ --expose：可揭露容器的 port，只限容器間使用（Docker 內），但不公開至主機。

■ --publish-all：對主機的所有介面公開（publish）所有揭露的 ports。

■ --publish：對主機公開一個容器的 port，需使用以下語法：ip:hostPort:containerPort 或 ip::containerPort 或 hostPort:containerPort 或 containerPort。

提示

若未指定 --dns 與 --dns-search 選項，則容器中的 /etc/resolv.conf 會與執行 docker 服務主機中的 /etc/resolv.conf 相同。

執行 docker 服務時，仍然有一些選項可以使用，說明如下：

注意

這些選項只能在執行 docker 服務指令時加入，無法在執行中修改，這表示只能在使用 docker -d 時才能使用。

■ --ip：這個選項允許設定在容器端 docker0 介面中主機的 IP 位址，設定 IP 位址後，會使用在綁定容器 port 時的預設 IP 位址，範例如下：

```
$ docker -d --ip 172.16.42.1
```

■ --ip-forward：這個選項使用布林值，如果設定為false，則執行docker服務的主機不轉送容器之間或是由外部送到容器的封包，就網路面來說，容器間或容器與主機是完全隔離的。

> **注意**
>
> 這個設定可以使用sysctl指令檢視：
>
> ```
> $ sysctl net.ipv4.ip_forward
> net.ipv4.ip_forward = 1.
> ```

■ --icc：這選項也是使用布林值，它是「inter-container-communication」容器間互通的簡寫，如果設定為false，則容器之間無法通訊，將成為獨立隔離的容器，但仍可以使用一般HTTP通訊協定進行軟體管理等工作。

> **注意**
>
> 可以只允許特定兩個容器之間的通訊嗎？可以，使用連結(links)即可，將會在後續的「連結容器」章節中介紹。

■ -b或--bridge：可以不使用預設的docker0橋接器，改用自訂的橋接器。(建立橋接器不在本書討論的範圍，然而，可以在以下網址獲得更多有關的資訊：http://docs.docker.com/articles/networking/#building-your-own-bridge)。

■ -H或--host：這個選項可有多個參數，Docker使用RESTful API，docker服務就像一台伺服器，當我們執行像run或ps副指令時，其實是傳送GET或POST方法的HTTP要求(request)，當伺服器接收要求後，會進行必要的處理與工作後再將回應(response)傳送回來。使用-H選項可要求docker服務一定要傾聽由某通道傳送過來的指令，參數格式可使用：

- TCP socket，格式為 `tcp://<host>:<port>`

- UNIX socket，格式為 `unix:///path/to/socket`

容器與主機間 port 轉送設定

容器不需要設定就可以對外連線，但無法從外部連至容器，就安全性考量是合理的，而容器以虛擬橋接器連結主機，成為一個虛擬網域。但如果想要在容器中執行一個服務，同時希望外部世界能存取它呢？

通訊埠轉發（port forwarding）是揭露容器內服務最容易的方式，常在映像檔的 Dockerfile 中定義需要被揭露的通訊埠。Docker 早期的版本，可在 Dockerfile 中設定使用映像檔時對應主機通訊埠，但因為有時在主機中的服務會被影響，所以取消了這個功能。現在，仍然可以在 Dockerfile 中使用 EXPOSE 命令揭露通訊埠，但如果想要指定主機上綁定的通訊埠號，則仍需要在執行容器時加上選項。

有兩個選項可以在啓動容器時綁定容器與主機的通訊埠，說明如下：

- `-P`或`--publish-all`：在執行容器 `docker run` 指令時加入 `-P` 選項，將會將所有映像檔的 Dockerfile 中所設定為 EXPOSE 通訊埠全部綁定至主機的通訊埠，Docker 會先得到所有揭露的通訊埠後自動一個個隨機對應到主機的 49000 至 49900 通訊埠。

- `-p`或`--publish`：這個選項可以明確告知 Docker 特定 IP 的通訊埠要綁定在那一個容器的通訊埠上（當然，主機的其中一個擁有 IP 位址的網路介面），可使用多個指令以綁定多組設定：

  1. `docker run -p ip:host_port:container_port`

  2. `docker run -p ip::container_port`

```
3. docker run -p host_port:container_port
```

自訂 IP 位址範圍

我們已經知道如何將容器的通訊埠綁定在主機的通訊埠、設定容器的 DNS 與設定主機的 IP 位址，那要如何設定容器間或是容器與主機的子網域呢？ Docker 使用 RPC 1918 中所規範私有網路（private）區段的其中一個建立虛擬子網。

設定自訂的子網範圍非常容易，執行 docker 服務時使用「--bip」選項即可指定子網域，連容器使用的橋接器 IP 位址也會一併設定完成：

```
$ docker -d --bip 192.168.0.1/24
```

以上例子，爲 docker 服務設定 IP 位址爲 192.168.0.1，並指定未來應該指派 192.168.0.0/24 這個子網的 IP 位址給容器使用（即 192.168.0.2 到 192.168.0.254 共 252 可使用的 IP 位址）。其他更多有關進階的網路設定與範例可參考 https://docs.docker.com/articles/networking/，記得去看看。

3.5 連結容器

如果只是單純想讓簡單的網頁伺服器可以對外服務，那綁定容器與主機的通訊埠應該已足夠了，但有許多正式環境的系統會使用到各種單元，並隨時需要相互通訊。例如：資料庫伺服器雖不需要有公開對外 IP 位址，但在前端服務的應用程式必須能夠找到並連接資料庫容器，若將容器的 IP 位址寫死在應用程式中，既不適合也不一定可以運作，因爲容器的 IP 位址是在執行時隨機指派的。所以，要如何解決這個問題呢？答案在下面。

將同一主機內的容器連接起來

使用「--link」選項可在執行容器時建立連結（link）：

```
$ docker run --link CONTAINER_IDENTIFIER:ALIAS . . .
```

是如何做到的？當指定一個連結選項時，Docker會在容器的/etc/hosts檔中加入一筆記錄，利用ALIAS別名指令建立一個對應名稱CONTAINER_IDENTIFIER，內容為主機名稱與IP位址的對應。

注意

/etc/hosts通常用來覆寫DNS定義名稱，以主機名稱找到其對應的IP位址，在查找過程中，先檢查/etc/hosts檔案，沒找到後再向DNS伺服器查詢。

如以下範例：

```
$ docker run --name pg -d postgres
$ docker run --link pg:postgres postgres-app
```

第一個指令執行PostgreSQL伺服器容器（它的Dockerfile定義揭露5432通訊埠，也就是PostgreSQL預設的通訊埠），第二個容器則使用別名postgres連結到第一個容器。

注意

PostgreSQL是符合**ACID**且功能強大的開放源碼的物件關連式資料庫系統。

使用ambassador[1]容器達成跨主機的容器連結

連結同一台主機中的容器是沒問題的，但Docker容器經常會散佈在不同主機，連結這些不同主機內的容器會失敗的原因是，主機中的docker服務無法得知在其他主機中容器的IP位址，況且連結的設定是固定的，這表示著如果容器重新啟動後換了IP位址，則其他原本與這個容器所建立的連結都將失效，而有可攜性的解決方案就是使用特使容器（ambassador container）。

1　譯者注：ambassador 意指一個對外的窗口,如一個國家的外交官,ambassador 可解釋為專門對外溝通的專用容器,或外交容器、特使容器、窗口容器等。

特使容器的架構圖如下：

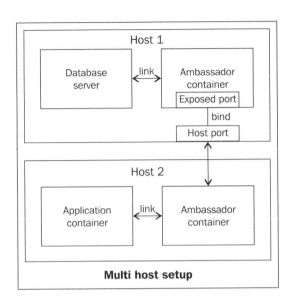

在這個架構下，一台主機中的資料庫伺服器揭露自己給另外一台容器，如果資料庫容器變動了，只需要重啟Host1中的特使容器。

案例－多主機的Redis環境

我們將使用「progrium/ambassadord」映像檔，設定一個多主機的Redis環境，你可選擇其他已建立好的映像檔來建立特使容器，請使用docker search指令或到https://registry.hub.docker.com搜尋。

> **注意**
>
> Redis是個開放源碼資料儲存伺服器，它可使用網路連線，以記憶體儲存key-value型態的資料，並提供快速讀取、寫入資料服務。

在這個環境中有兩台主機，分別是Host 1與Host 2，Host 1的IP位址為192.168.0.100，是內部網路（不向公開網路揭露），Host 2的IP位址為192.168.0.1並綁定一個外部IP，是在前端執行網頁應用程式的主機。

注意

在實作本範例時請啟動兩台虛擬機器，如果你使用的是 Vagrant，建議使用已安裝 Docker 的 Ubuntu 映像檔，如果使用的版本是 v1.5，可使用 Phusion 的 Ubuntu 映像檔，指令為 $ vagrant init phusion/ubuntu-14.04-amd64。

■ Host 1 主機

在第一台主機中執行以下指令：

```
$ docker run -d --name redis --expose 6379 dockerfile/redis
```

上述指令啟動一台 Redis 伺服器並揭露通訊埠 6379（Redis 的預設通訊埠），但並不綁定任何主機中的通訊埠。

以下指令將啟動一台特使容器，並建立與 Redis 伺服器的連結，再將通訊埠 6379 綁定在內部網路 IP 位址（也就是 192.168.0.100）的 6379 通訊埠，因為主機是內部網路，所以它仍然不開放給外部使用。

```
$ docker run -d --name redis-ambassador-h1 \
  -p 192.168.0.100:6379:6379 --link redis:redis \
  progrium/ambassadord --links
```

■ Host 2 主機

在另一台主機中（如果使用 Vagrant，指的是另一台虛擬機器），執行以下指令：

```
$ docker run -d --name redis-ambassador-h2 --expose 6379 \
progrium/ambassadord 192.168.0.100:6379
```

這是一台傾聽目標 IP 位址通訊埠的特使容器，這 IP 就是 Host 1 主機的 IP 位址，並揭露通訊埠 6379，可提供我們將建立的應用程式容器連結：

```
$ docker run -d --name application-container \
--link redis-ambassador-h2:redis myimage mycommand
```

這個容器可對公開網路提供服務，因為 Redis 伺服器在一台內部主機中，不會遭受外部的攻擊。

3.6 總結

在本章我們展示如何調整容器的資源，如 CPU、記憶體與儲存資源，也說明如何使用卷冊，並利用卷冊容器提供其他應用程式儲存資料，也瞭解如何更換 Docker 的儲存驅動，進一步介紹各種網路設定值與其他相關的使用案例，最後，展示如何建立容器間的連結，包括在同一台主機與不同主機的容器。

在下一章，將繼續使用工具與方法幫助我們使用 Docker 佈署應用程式，有些是包括各種服務、探索服務與 Docker 的遠端 API，我們也將介紹一些安全性的考量。

## 第 4 章

自動化與最佳練習

本章涵蓋主題如下

- Docker 遠端 API
- 使用 docker exec 指令在容器中加入行程
- 服務的探索
- 安全性

在這個階段，我們瞭解如何在開發環境中設置Docker，也熟悉Docker相關指令了，對於適用Docker應用的情境也建立一些觀念，也能夠為自己的需求來設定容器。

本章將著重於能幫助我們在正式環境中佈署網頁應用的各種使用模式，以Docker遠端API（remote API）為開端，因為在登入正式環境中下指令總是不安全的，所以最好在主機的容器內執行一個可以監控與編配（orchestrates）的應用程式。目前已有許多Docker的編配工具，而且Docker也公佈了新專案「libswarm」，提供分散系統的管理與編配標準介面，這將是未來要深入瞭解的課題。

Docker開發人員建議一個容器只執行一個行程，這使得想要監測正在執行的容器變得困難，我們將介紹一個允許我們在已執行容器中加入行程的指令。

當你的公司成長時，主機負荷也隨之增加，這時應該要考慮到擴充性（scaling），Docker是在一台主機中執行沒錯，但若使用如etcd與coreos的主機管理工具，將可讓你很簡單地在叢集中執行一堆Docker主機，並可在叢集中探索每個容器。

每個組織在正式環境中幾乎都有網頁應用程式，這也凸顯出安全的重要性，在本章，不只有docker服務，我們將談到各類Docker所使用到Linux功能的安全性。

4.1 Docker 遠端 API

Docker執行檔可用來啟動伺服器，也能做為客戶端工具，當Docker在系統中以服務方式執行時，它預設附掛在unix:///var/run/docker.sock（當然可以在執行時更換的），並以REST方式等待指令，相同的執行檔也可用來執行指令（單純地產生REST呼叫並送至docker服務）。

docker 服務的架構圖如下：

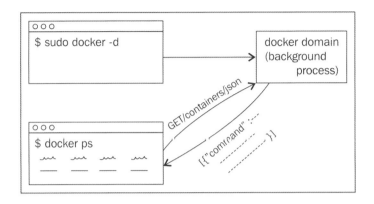

本單元主要是範例介紹，在過程中會遇到許多已練習過的指令。

欲測試這些 API，先以 TCP 通訊埠方式執行 docker 服務：

```
$ export DOCKER_HOST=tcp://0.0.0.0:2375
$ sudo service docker restart
$ export DOCKER_DAEMON=http://127.0.0.1:2375 # or IP of your host
```

注意

這些內容並不是參考文件，因為已在〈第二章 Docker 命令列指令與 Dockerfile〉中都介紹過，在此只挑選了一些 API 進行介紹，其他內容可參考以下網址：docs.docker.com/reference/api/docker_remote_api。

先確認 docker 服務會回應我們的要求後，再進行下一步：

```
$ curl $DOCKER_DAEMON/_ping
OK
```

好了，一切都正常，開始吧。

容器的遠端API

首先看看幾個可以幫助我們建立與管理容器的端點功能（endpoints）。

create指令

使用create指令建立一個容器：

```
$ curl \
> -H "Content-Type: application/json" \
> -d '{"Image":"ubuntu:14.04",\
> "Cmd":["echo", "I was started with the API"]}' \
> -X POST $DOCKER_DAEMON/containers/create?\
> name=api_container;
{"Id":"4e145a6a54f9f6bed4840ac730cde6dc93233659e7eafae947efde5caf583f
c3","Warnings":null}
```

> **注意**
>
> curl是UNIX工具庫中常用來建立HTTP請求並分析其回應資料的工具指令。

上述指令建立一個POST方法的請求並發送到/containers/create這個網址端點，在請求中附帶一個JSON物件，內容是欲建立容器所需要的映像檔資料。

請求的型態為：POST

POST請求的JSON資料：

參數	型態	說明
config	JSON	描述欲啟動容器的設定值

POST請求的參數：

參數	型態	說明
name	字串	指定容器的名稱，需符合正規表示式：/?[a-zA-Z0-9_-]+

以下表格列出回應的狀態碼所代表的意義：

狀態碼	意義
201	無錯誤
404	無此容器
406	無法附掛（容器未執行）
500	內部伺服器錯誤

list 指令

使用 list 指令可得到容器清單：

```
$ curl $DOCKER_DAEMON/containers/json?all=1\&limit=1

[{"Command":"echo 'I was started with the
API'","Created":1407995735,"Id":"96bdce1493715c2ca8940098db04b99e3629
4a333ddacab0e04f62b98f1ec3ae","Image":"ubuntu:14.04","Names":["/api_c
ontainer"],"Ports":[],"Status":"Exited (0) 3 minutes ago"}
```

這是一個 GET 請求的 API，傳送到 /containers/json 的請求會得到一個 JSON 格式的回應（response），內有符合條件的容器清單，若傳入查詢參數 all 則會列出所有容器（包括未執行），而 limit 參數用來限定最多回傳多少個容器個數。

還有一些可使用的查詢參數可提供更符合需求的回應。

請求型態：GET

參數	型態	說明
all	1/True/true 或 0/False/false	是否顯示所有容器，預設只有顯示正在執行中的容器
limit	整數	顯示最後幾個容器，包括未執行的容器
since	容器 ID	只顯示從容器 ID 開始的容器，包括未執行的容器

參數	型態	說明
before	容器 ID	只顯示從容器ID之前的容器，包括未執行的容器
size	1/True/true 或 0/False/false	是否在回應中顯示容器所占的空間

回應的狀態碼遵循 **RFC（Request For Comments）** 2616規範：

狀態碼	意義
200	無錯誤
400	參數或客戶端錯誤
500	伺服器錯誤

其他有關容器的網址端點API可參考：docs.docker.com/reference/api/docker_remote_api_v1.13/#21-containers。

映像檔的遠端API

同樣的，也有專門建立映像檔的API。

列出本地的映像檔

以下指令可列出在本機中的映像檔：

```
$ curl $DOCKER_DAEMON/images/json

[{"Created":1406791831,"Id":"7e03264fbb7608346959378f270b32bf31daca14d15e
9979a5803ee32e9d2221","ParentId":"623cd16a51a7fb4ecd539eb1e5d9778
c90df5b96368522b8ff2aafcf9543bbf2","RepoTags":["shrikrishna/apt-
moo:latest"],"Size":0,"VirtualSize":281018623}
,{"Created":1406791813,"Id":"c5f4f852c7f37edcb75a0b712a16820bb8c729a6
a5093292e5f269a19e9813f2","ParentId":"ebe887219248235baa0998323342f7f
5641cf5bff7c43e2b802384c1cb0dd498","RepoTags":["shrikrishna/onbuild:l
atest"],"Size":0,"VirtualSize":281018623}
```

```
,{"Created":1406789491,"Id":"0f0dd3deae656e50a78840e58f63a5808ac53cb4
dc87d416fc56aaf3ab90c937","ParentId":"061732a839ad1ae11e9c7dcaa183105
138e2785954ea9e51f894f4a8e0dc146c","RepoTags":["shrikrishna/optimus:g
it_url"],"Size":0,"VirtualSize":670857276}
```

這是 GET 型態的請求 API，送到 /images/json 的請求會得到一個 JSON 格式回應，裡面符合查詢條件的映像檔資料清單。

請求型態：GET

參數	型態	說明
`all`	1/True/true 或 0/False/false	是否連媒介容器（intermediary，任務型容器）都要顯示，預設為不顯示
`filters`	JSON	提供映像檔的篩選機制

其他有關映像檔的網址端點 API 可參考：`docs.docker.com/reference/api/docker_remote_api_v1.13/#22-images`。

其他操作

還有一些像是在本節一開始使用的 ping API，說明如下。

取得系統面的資訊

以下指令可得到 Docker 的系統相關資訊，這個網址 API 的效果就像執行 docker info 指令一樣：

```
$ curl $DOCKER_DAEMON/info
```

```
{"Containers":41,"Debug":1,"Driver":"aufs","DriverStatus":[["Root
Dir","/mnt/sda1/var/lib/docker/aufs"],["Dirs","225"]],"ExecutionDrive
r":"native-
0.2","IPv4Forwarding":1,"Images":142,"IndexServerAddress":"https://in
dex.docker.io/v1/","InitPath":"/usr/local/bin/docker","InitSha1":"","
KernelVersion":"3.15.3-
```

```
tinycore64","MemoryLimit":1,"NEventsListener":0,"NFd":15,"NGoroutines
":15,"Sockets":["unix:///var/run/docker.sock","tcp://0.0.0.0:2375"],"
SwapLimit":1}
```

將容器送交成為映像檔

以下指令可將一個容器送交（commit）為映像檔：

```
$ curl \
> -H "Content-Type: application/json" \
> -d '{"Image":"ubuntu:14.04",\
> "Cmd":["echo", "I was started with the API"]}' \
> -X POST $DOCKER_DAEMON/commit?\
> container=96bdce149371\
> \&m=Created%20with%20remote%20api\&repo=shrikrishna/api_image;

{"Id":"5b84985879a84d693f9f7aa9bbcf8ee8080430bb782463e340b241ea760a5a
6b"}
```

這個 POST 類型的請求傳送到 /commit 網址，參數附帶使用基礎映像檔資訊與指令，以這個請求建立一個新的映像檔，傳遞的參數有容器的 ID、送交的訊息與其所屬的檔案庫。

請求的型態：POST

請求中的 JSON 資料：

參數	型態	說明
config	JSON	描述將要送交的容器設定

以下表格說明 POST 型態請求中的查詢參數：

參數	型態	說明
container	容器 ID	想要送交的容器 ID
repo	字串	將新的映像檔送交至那個檔案庫

參數	型態	說明
tag	字串	新映像檔的標籤
m	字串	送交訊息
author	字串	作者資訊

以下表格為回應的狀態碼所代表的意義：

狀態碼	意義
201	無錯誤
404	無此容器
500	內部伺服器錯誤

儲存映像檔

以下指令以tar包裹檔案格式備份一個檔案庫的所有映像檔與metadata：

```
$ curl $DOCKER_DAEMON/images/shrikrishna/code.it/get > \
> code.it.backup.tar.gz
```

這個指令執行時會花費一點時間，會在第一個映像檔壓縮完成後開始輸出串流，但也會儲存為tar格式的檔案。

其他的網址端點使用方式請參考docs.docker.com/reference/api/docker_remote_api_v1.13/#23-misc。

docker run 的運作方式

現在我們瞭解了一件事，每個Docker指令都是藉由客戶端工具產生RESTful操作而達成的，接下來試著瞭解執行docker run指令時所發生的事情，以進一步加強我們對它的瞭解：

1. 建立容器必須呼叫 /containers/create 網址，並傳入必要的參數。

2. 如果回傳狀態碼為404，代表映像檔不存在，再試著呼叫 /images/
   create 以取得映像檔並回到第一步驟。

3. 得到剛產生容器的 ID 並呼叫 /containers/(id)/start 啓動容器。

這些 API 中的查詢參數就是執行 docker run 時所給的選項，經過轉換再放在請
求中。

4.2 使用 docker exec 指令在容器中加入行程

在我們探索 Docker 的課程中，你可能會質疑為什麼一個容器只能執行單一指
令。不是的！一個容器可以執行不管多少個行程，但啓動容器時只能執行一個
指令，容器可以生存到指令結束前。這個限制是因為 Docker 相信一個應用使用
一個容器的原則，Docker 希望維持多個容器，且每個容器執行其被指派的特定
服務，再將容器連結起來，而不是用一個容器執行所有的工作。使用多個容器
可幫助容器輕量化、易於除錯、降低被攻擊的機會，並確保如果一個服務失效
時不會影響其他的服務。

有時候，你可能需要進入執行中的容器去觀看一下狀況，經過一段時間，有一
些能在容器中除錯的方法在 Docker 社群中被提出來，有的成員使用 SSH 登入
容器，並執行一個像是「supervisor」的行程管理工具，可以成功執行 SSH 與應
用程式，接著有如「nsinit」與「nsenter」工具協助，在容器執行的 namespace 內
啓動一個 shell，這類方法都是 hack。所以，自 v1.3 版開始，Docker 決定提供
docker exec 指令，目的是為了對在容器中除錯的需求提供一個更好的方式。

docker exec 指令允許使用者透過 Docker API 或命令工具在容器中執行一個行
程，例如：

```
$ docker run -dit --name exec_example -v $(pwd):/data -p 8000:8000
dockerfile/python python -m SimpleHTTPServer
$ docker exec -it exec_example bash
```

第一個指令啓動一個簡易的檔案伺服器容器，這個容器使用「-d」選項使其在背景執行，第二個指令使用了 docker exec，在容器中產生一個 bash 登入行程，現在我們可以在容器中觀察、檢視日誌（如果有建立日誌的話）、執行檢測工具（如果因爲 bug 而需要檢測）等等。

 注意

> Docker 仍未動搖它對 one-app-per-container（一個容器執行一個應用）的原則，docker exec 指令的存在是爲了提供一個正式的方法以檢視容器，不需要再使用應急方法或是 hacks。

4.3 服務的探索

Docker 從一個 IP 位址儲存區中取得可使用的 IP 位址後再分配給容器，這在某些地方是方便沒錯，但在容器需要連繫其他容器時就造成問題了，因爲你無法得知在容器建立時被分配的 IP 位址，直覺上，就在啓動容器後，利用 docker exec 登入後再從這個容器中去設定其他容器的 IP 位址，但是 IP 位址會在每一次容器重新啓動時被重新分配，那不就要一個個容器手動登入去設定了？有沒有更好的方法呢？有的。

服務探索是一些方法的總稱，這些方法的目的都是爲了讓服務能夠找到並與其他服務溝通。在探索服務時，並不知道其他容器啓動了與否，而是動態探索這些服務，這個機制可適用同一主機內的容器，也同樣能在叢集環境（多台主機）中使用。

有以下兩種技術可以達成服務探索：

- 使用 Docker 預設提供的功能，如命名容器與連結 (links)

- 使用專門的服務，如 Etcd 或 Consul

使用 Docker 命名、連結與特使容器

我們已在〈第三章 設定 Docker 容器〉中的「連結容器」一節中介紹如何建立容器間的連結，爲了喚起記憶，運作說明如下。

使用連結讓容器可以看到彼此

連結的使用如下圖：

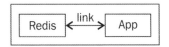

在容器中建立連結可以在不需寫死 IP 位址就能連結到另一個容器，連結兩個容器方式是在第二個容器啓動時，在 /etc/hosts 中加入第一個容器的 IP 位址。

可在執行容器時加入「--link」選項以建立連結：

```
$ docker run --link CONTAINER_IDENTIFIER:ALIAS . . .
```

在〈第三章 設定 Docker 容器〉中有介紹連結的內容。

在跨主機使用特使容器達成連結

下圖是跨主機使用特使容器提供連結的架構圖：

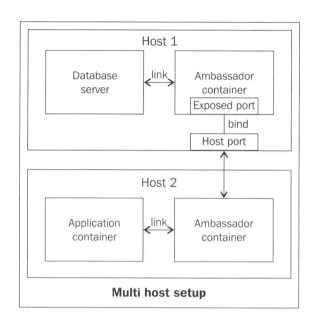

特使容器是用來連結跨主機的容器，在這個架構中，你可以重啓或置換資料庫容器而不需要重啓應用程式容器，請參考〈第三章 設定 Docker 容器〉。

使用 etcd 探索服務

爲什麼探索服務需要特別的解決方案呢？使用特使容器與連結雖然不需知道 IP 位址就能找到容器，但是有個嚴重的缺陷，你仍然需要手動監控容器是否健在。

想像一個情形，當你有一個叢集，包括後端伺服器群與前端伺服器，並使用特使容器將他們連結起來，假設一台伺服器掛點，而前端伺服器仍不斷地試著連線到後端伺服器，因爲在被通知之前，那仍是目前可使用的後端伺服器，這當然是錯的。

新一代的服務探索解決方案如 etcd、Consul 與 doozerd 不僅只提供正確的 IP 位址與通訊埠，實際上他們是分散式的鍵值儲存庫 (key-value store)，具有容錯機制與資料一致性，而且可在故障時自動更換任務主機 (master election)，甚至可以成爲鎖定資源的伺服器 (lock server)。

111

etcd服務是一個由**CoreOS**開發的開放源碼、分散鍵值資料庫，在叢集應用中，etcd客戶端在叢集的每一台機器中執行，它可以在網路設備或主伺服器失效時自動改選主伺服器。

應用程式可讀、寫etcd服務所儲存的資料，常見的例子是使用它儲存資料庫連線細節、快取設定等資料。

etcd服務的功能如下：

- 簡單、curl可使用的API（HTTP+JSON）

- 可選擇**Secure Sockets Layer**（SSL）客戶端驗證

- 鍵值支援**Time To Live**（TTL）

注意

Consul服務是etcd外的另一個好選擇，沒必要一定在這個時候做抉擇，本節主要目的是利用etcd來介紹服務探索的概念。

使用etcd的兩個階段如下：

1. 向etcd服務註冊我們的服務。

2. 註冊完成後再查找服務。

etcd的流程圖如下：

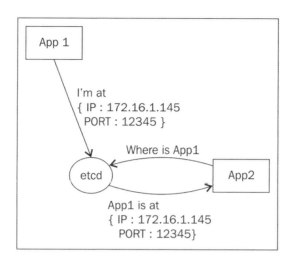

這看起來很簡單，但建立一個具有容錯與一致性的解決方案並不容易，還需要在服務失效時加入通知機制。如果天真的用集權的觀念設計服務探索，很可能因單點失效而造成全面失效（single point of failure），所以所有在服務探索範圍叢集內的所有實例容器的查詢結果都應該同步，這也衍生出一些方法。CoreOS團隊開發了一致演算法（consensus algorithm）稱為Raft，以解決這個問題，在以下網址可以得到更多資訊 http://raftconsensus.github.io。

接著，讓我們用一個範例先瞭解一下，我們將在一個容器中執行etcd伺服器，看看註冊、查詢服務是如何的容易：

1. 執行etcd伺服器：

```
$ docker run -d -p 4001:4001 coreos/etcd:v0.4.6 -name myetcd
```

2. 在下載映像檔並啟動伺服器後，執行以下指令註冊一個訊息：

```
$ curl -L -X PUT http://127.0.0.1:4001/v2/keys/message -d
value="Hello"
{"action":"set","node":{"key":"/message","value":"Hello","modified
Index":3,"createdIndex":3}}
```

這是一個簡單的PUT請求，送到伺服器的/v2/keys/message路徑（message是它的key）

3. 使用以下指令查詢key的值：

```
$ curl -L http://127.0.0.1:4001/v2/keys/message
{"action":"get","node":{"key":"/message","value":"Hello","modified
Index":4,"createdIndex":4}}
```

你可以繼續改變它的值來試驗看看，或給個不存在的key試試，你會發現回應格式為JSON，這代表不需要其他函式庫的協助，就可以簡單的將它整合在你的應用程式中。

但如何用在我的應用程式？如果應用程式需要使用多個服務，可使用連結與特使容器連接起來，但如果其中一個失效或需要重新啟動時，則需要許多工作才能回復這些連結。

想像使用etcd記錄所有服務，每個服務都註冊自己的IP位址與通訊埠成為一個特定名稱，再使用這個名稱來探索服務，假如一個容器因為失效或佈署而重新啟動了，這個重啟後的新容器就註冊它的新IP位址，在etcd更新資料後，後續的查詢請求將得到最新的資料。但這台唯一的etcd伺服器如果掛點，仍然會造成全面性失效，這也是為什麼要再使用CoreOS所開發的Raft一致演算法的原因，完整的應用程式與使用etcd服務佈署範例可參考網址：http://jasonwilder.com/blog/2014/07/15/docker-service-discovery/。

Docker 編配

當你從簡單的應用程式進階至複雜的架構時，會開始使用一些工具與服務，如etcd、consul與serf，這時你會發現這些工具各有自己的一些API，甚至有些功能是重覆的。如果已經採用其中一組並設定好基礎環境後，又發現得要更換為別的工具，那將會花費可觀的代價，有時可能是更改程式碼或換供應商等，這可能會導致對品牌的依賴（vendor lock-in）問題，這也違背 Docker 允諾將建立的生態環境，也就是提供一個標準的介面，讓這些服務供應商能提出隨插即用的解決方案。Docker 推出了一系列的編配服務，在本節將介紹這些服務，但在本書撰寫的當下，這些專案（Machine、Swarm 與 Compose）仍然在 Alpha 測試開發階段。

Docker Machine

Docker Machine 目的是提供一個指令就能從無到有，快速建立 Docker 環境。

在 Docker Machine 推出之前，如果想開始在一台新主機、虛擬機器或是遠端主機使用 Docker，不論是 **Amazon Web Services（AWS）** 或 Digital Ocean 所提供的主機，你都得要登入到主機中，在這些不同的作業系統中執行並設定特定的指令以建置 Docker 環境。

但使用 Docker Machine 時，不論是在筆記型電腦、資訊中心的虛擬機器，或是雲端主機，都只要使用相同的指令，主機馬上就能夠執行 Docker 容器：

```
$ machine create -d [infrastructure provider] [provider options] [machine name]
```

接下來不論主機在那，都可使用相同的介面執行 Docker 指令來管理多台主機。

不只如此，Machine 還有可接式的後置作業，讓許多基礎設施供應商更容易支援 Docker，且仍保留和使用者與互動的 API，Machine 內建多種驅動程式，可控制本地的 Virtualbox，也能控制雲端基礎供應商 Digital Ocean 的主機。

Docker Machine 與 Docker 是分開不同的專案，可以在 Github 中找到最新資料：`https://github.com/docker/machine`。

Swarm

Swarm 是一個由 Docker 提供的叢集解決方案，藉著擴充 Docker 引擎的管理叢集中的容器。使用 Swarm 可以管理主機的資源，讓容器可以在上面排定執行，自動管理工作量與提供容錯移轉 (failover) 的服務。

在排定容器時，先取得容器對資源的需求，再取用主機可用資源分配給容器，並試著針對工作量的分配進行優化。

例如，如果你想要排定一個需要 1GB 記憶體的 Redis 容器，假設已安裝了 Swarm，指令如下：

```
$ docker run -d -P -m 1g redis
```

不只分配資源，Swarm 支援基於原則的的設定，例如，想要 MySQL 容器使用提供 SSD 固態硬碟的主機（為了有更快讀寫速度），可使用如下指令：

```
$ docker run -d -P -e constraint:storage=ssd mysql
```

除此之外，Swarm 提供高可用性 (hi-availability) 與容錯移轉 (failover) 的特性，它可持續地監控容器的狀態，當一個容器發生過度耗用資源時，自動在另一台主機中重新啟動容器，最令人讚賞的是，不論啟動一個或一百個容器都使用同樣的介面。

如同 Docker Machine，Docker Swarm 也是在 Alpha 測試階段並不斷地在進化，可到 Github 網址取得最新的資訊：`https://github.com/docker/swarm/`。

Docker Compose

Compose 是最後一塊拼圖，使用 Docker Machine 可建立 Docker 服務，Swarm 讓我們安心確保可控制在各地的容器，而且在失效時仍可維持可用性，

Compose 則協助我們在這個叢集中建立分散式應用程式。

以我們較熟悉的範例來說，Docker Machine 就像是應用程式所在的作業系統，提供一個可執行容器的環境，Docker Swarm 就像程式語言的執行環境，它為容器管理資源、提供例外處理等。

Docker Compose[1] 比較像是整合開發環境軟體 (IDE) 或程式語法，提供我們表達程式需要做什麼，使用 Compose 可寫出我們的應用程式如何在叢集中執行。

使用 Compose 需要一個 YAML 格式的文字檔，在檔案內宣告設定與描述多個容器的資訊，例如，假設我們有一個使用 Redis 資料庫的 Python 應用程式，以下是 Compose 需要的 YAML 檔案：

```
containers:
  web:
    build: .
    command: python app.py
    ports:
    - "5000:5000"
    volumes:
    - .:/code
    links:
    - redis
    environment:
    - PYTHONUNBUFFERED=1
  redis:
    image: redis:latest
    command: redis-server --appendonly yes
```

上述範例定義了兩個應用程式，一個由目前目錄下 Dockerfile 開始建置的 Python 應用程式，它揭露通訊埠 5000，掛載目前目錄成為一個卷冊，還定義一個環境變數，且建立與第二個應用容器的連結，第二個容器名稱為 redis，它使用 Docker 登錄庫所提供的 redis 映像檔。

1　Compose 像是一個電影場景的劇本，描述角色的特色、運鏡等拍攝時的細節。

設定都定義完成之後，可以使用以下指令啟動這兩個容器：

```
$ docker up
```

簡單的　個指令，就能建立由 Dockerfile 所建置的 Python 容器，與從登錄庫取出映像檔而產生的 redis 容器。然而，redis 會先啟動，因為 Python 容器中有定義連結，所以 Python 對 redis 有依賴性。

和 Machine 與 Swarm 一樣，Docker Compose 是個進行中的專案，可至以下網址追蹤它的開發狀態 https://github.com/docker/docker/issues/9459。

有關 Swarm 可 在 以 下 網 址 得 到 更 多 資 訊：http://blog.docker.com/2014/12/announcing-docker-machine-swarm-and-compose-for-orchestrating-distributed-apps/。

4.4 安全性

安全性在決定是否要投資在一項技術上是最重要的，尤其是當這個技術是有關基礎設施與工作流程，而 Docker 容器是相當安全的，因為 Docker 不依附於特定的作業系統，你還可以為 docker 服務加入額外的安全性措施，最好是在一台專用主機中執行 docker 服務，其他服務就在容器中執行（除了 ssh、cron 等）。

在本節，我們將討論在 Docker 中有關核心（kernel）的功能，也將 docker 服務列入有可能被攻擊的因素。

下圖來自於 http://xkcd.com/424/。

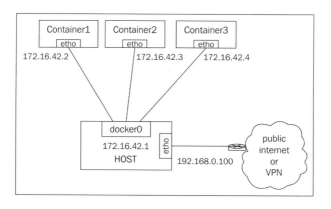

核心命名空間（kernel namespaces）

命名空間namespace提供容器一個隔離空間，當容器啓動時，Docker爲容器建立一組namespace與控制群（cgroup），在這個隔離空間的容器無法看到或影響其他的空間或主機。

卜圖解釋了Docker的容器：

核心 namespace 也為容器建立網路環境，它是可以調整的，Docker 預設的網路環境設定類似一個簡單的網路，由主機擔任路由器，docker0 橋接器就像乙太網路交換器。

namespace 功能是在 OpenVZ 開始成形的，它是一個以核心與作業系統為基礎的系統層級虛擬化技術，OpenVZ 是目前提供虛擬私人系統 (VPS) 最便宜的解決方案。它從 2005 年開始，在 2008 年它的 namespace 功能被加入到 Linux 核心中，直到現在它仍是成功的商業級產品，所以可算是久經沙場了。

Control groups

控制組 (Control groups) 提供資源管理功能，雖然與權限無關，但與安全性有關是因為它算是面對阻斷服務攻擊 (denial-of-service) 的第一線。控制組的使用也有一段時間了，所以可安全的在正式環境中使用。

更多有關控制組的資訊可參考：https://www.kernel.org/doc/Documentation/cgroups/cgroups.txt。

在容器中的 root

有許多原本 root 管理者可以使用的指令被限制了，例如，預設就不可使用 mount 指令掛載，但也不是絕對的，執行容器時若加入「--privileged」啟用特權選項，就允許 root 管理者在容器中使用完整的權限，就像在一般主機一樣，但 docker 如何做到的？

你可以瞭解 root 管理者擁有很大的能力，其中一項是使用 net_bind_service 能力即可綁定任一個通訊埠（連 1024 以下的通訊埠都可以），另一個如 cap_sys_admin 能力可以掛載實體設備，這都稱為能力，由行程決定是否能進行操作。

Docker容器啓動時就限制了一些能力，因此你會發現有些可以做，有些卻不行。以下是root管理者在一台未啓用特權的容器中無法進行的操作：

- 掛載 / 卸載設備

- 管理raw sockets

- 像是建立設備點或改變檔案擁有者的一些檔案系統操作

在1.2版之前，如果想使用任何被禁止的能力，唯一方法是在啓動容器時加入「--privileged」選項，但v1.2版開始有了三個新的選項「--cap-add」、「--cap-drop」與「--device」，這些選項可幫助我們獲得特定需要的能力，又不會危及主機的安全性。

「--cap-add」選項可爲容器加入能力，例如，更改容器的網路介面設定（需要NET_ADMIN能力）：

```
$ docker run --cap-add=NET_ADMIN ubuntu sh -c "ip link eth0 down"
```

「--cap-drop」選項可在容器中禁用某個能力，例如，先取得所有能力，再禁用執行chown指令的能力，接著試著新增一個帳號，結果將失敗，因爲它需要CAP_CHOWN能力才有辦法建立帳號：

```
$ docker run --cap-add=ALL --cap-drop=CHOWN -it ubuntu useradd test
useradd: failure while writing changes to /etc/shadow
```

「--device」選項可直接將外部或虛擬設備掛載至容器，在v1.2版之前需使用「--privileged」與「-v」兩個選項才能掛載，現在你只需要「--device」選項即可，而不需要啓用容器的所有特權。

例如，掛載筆記型電腦中的DVD-RW設備，執行以下指令：

```
$ docker run --device=/dev/dvd-rw:/dev/dvd-rw ...
```

更多有關這個選項的資訊請參考：http://blog.docker.com/tag/docker-1-2/。

Docker v1.3版增加了額外功能，在命令列工具加入了「--security-opts」選項，可加入**SELinux**與**AppArmor**的安全性標籤與設定，例如，你已經有一個政策（policy）允許一個容器行程只能傾聽Apache通訊埠，假設你已為這個政策定義了一個名為svirt_apache的標籤，可以在執行容器時加進去：

```
$ docker run --security-opt label:type:svirt_apache -i -t centos bash
```

這個功能的好處是，可以在一個啟用SELinux或AppArmor的主機中的Docker中執行Docker，但又不需要使用選項「--privileged」來執行容器，不讓執行的容器擁有存取主機的所有特權可大大降低潛在的風險。

內容來源：http://blog.docker.com/2014/10/docker-1-3-signed-images-process-injection-security-options-mac-shared-directories/。

你可在以下網址得到目前可使用的能力清單：https://github.com/docker/docker/blob/master/daemon/execdriver/native/template/default_template.go。

注意

在此提供給想追根究柢的讀者，所有的能力資訊都在Linux手冊中，可以在以下網址線上觀看：http://man7.org/linux/man-pages/man7/capabilities.7.html。

Docker服務的地表攻擊（attack surface）

docker服務負責產生與管理容器，包括：建立檔案系統、指派IP位址、依路由傳送封包、管理行程等，與許多需要root權限工作。所以強烈建議應使用sudo

方式執行服務，這也是docker服務將自己綁定於UNIX socket，而不使用TCP socket（v0.5.2版之前[2]）的原因。

Docker其中一個終極目標是要能以非root使用者執行服務，還不會影響它的正常運作，將需要root權限的工作（如檔案系統與網路）委託給子行程，且不需要提昇相關的特權。

如果你想將Docker的通訊埠開放給外界使用（請確保使用remote API呼叫），建議限定只有可信任的客戶端可存取，可直接使用SSL以確保與Docker的傳輸安全性，請參考以下網址的設定方法：`https://docs.docker.com/articles/https`。

安全性的實務典範

現在，總結一些有關執行Docker的重要安全實務典範：

■ 使用一個專用的伺服器執行docker服務。

■ 除非需要多個實例（multiple-instance），docker服務應使用UNIX socket。

■ 容器中掛載主機目錄且取得完全的存取權限時，在對這些目錄進行一些不可撤回動作時應特別小心。

■ 如果需要開放TCP通訊埠時，應加上SSL加密的認證措施。

■ 避免在容器中執行root權限的行程。

■ 並不一定需要在正式環境中執行一個具有特權（privileged）的容器。

2　原文爲 v5.2，應爲誤值。

- 應啓動主機中的 AppArmor 或 SELinux 設定，這可讓你爲主機加入額外的保護層。

- 容器不像虛擬機器，所有容器都共享主機的核心，確保更新核心，並維持在最新的安全性修正版本。

4.5 總結

在本章，我們學習了各式的工具、API 與練習，在佈署應用程式在 Docker 環境有很大的幫助，一開始介紹遠端 API，並瞭解所有 Docker 指示都是呼叫在 docker 服務內的 REST 基礎 API。

接著我們試著在容器中加入行程，方便我們 debug 容器。再看看幾個探索服務的方法，包括了使用原生的 Docker 功能，如連結，也使用 etcd 服務建立專用的 config 資料庫。

最後，探討了使用 Docker 時的多個安全性面向，與其所依賴的核心功能、與能力，包括這些功能對主機安全性的影響。

在下一章，我們將再往前一步，瞭解各式的開放源碼專案，我們將學習到如何整合，並深入瞭解 Docker 具備的潛力。

## 第 5 章

Docker 的好友們

本章涵蓋主題如下

- 使用 Chef 與 Puppet
- 設定 apt-cacher
- 設定自己的迷你 Heroku
- 建置一個高可用性服務

我們一直忙著學習有關Docker的相關知識，影響開發源碼專案生命週期的一個最重要因子就是社群力量。Docker公司（dotCloud公司的分支）負責開發、維護Docker與其子專案，如libcontainer、libchan、swarm等（完整清單可參考 `github.com/docker`），然而如同一般開源專案，這些開發工具都是開放的（在Github）且接受使用者提出需求。

而產業同樣對Docker展開雙手擁抱，像是Google、Amazon、Microsoft、eBay與RedHat這樣的大公司也積極使用Docker並有所貢獻，最受歡迎的基礎為平台的雲端服務（IaaS），如Amazon Web Services、Google Compute Cloud等，都支援預先載入與最佳化的Docker映像檔。許多新加入公司也壓寶Docker，像是CoreOS、Drone.io與Shippable設計出圍繞著Docker的服務模式，因此請放心，Docker不會在短時間內消失的。

在本章我們將討論並使用一些圍繞著Docker的專案，也將深入一些已經熟悉的專案，這些專案在使用Docker工作流程時很有幫助（也讓你輕鬆一點）。

首先，我們將聊到使用Docker的Chef與Puppet食譜（recipes），你可能已經在工作流程中使用這些工具了，此節將協助你將Docker整合到目前的工作流程中，並能輕鬆進入Docker生態系統中。

接下來將試著設定**apt-cacher**，能夠減少每次建置時從官方伺服器下載軟體套件的時間，由Dockerfile建置映像檔的時間將明顯降低。

Docker在早期如此受關注的原因之一是，原本認為很難的事，在使用Docker實作後卻變得很容易。其中一個專案像是Dokku，只需要100行Bash腳本就能設定完成一個小型Heroku的平台即服務（PaaS）的雲端環境，在本章我們將使用**Dokku**建立自己的平台即服務。在本書的最後，將使用CoreOS與Fleet部署一個高可用性的服務（highly available service）。

5.1 在 Chef 和 Puppet 中使用 Docker

當一個公司開始進入雲端後，擴充變得很容易，由單一機器進階到數百台所構成的雲端完全不費工夫，但這也代表了這些機器同樣需要設定與維護。管理設定工具因為在公用雲與私人雲的自動部署應用程式需求而出現，像是 Chef 與 Puppet，現在許多公司與企業使用 Chef 與 Puppet 來管理雲端環境。

在 Chef 中使用 Docker

Chef 的官網的介紹：

> "Chef 將基礎建設變成程式碼，Chef 可讓建置、部署與管理基礎建設變
> 得自動化，你的基礎建設將成為與程式碼一樣可版本化、可測試。"

現在假設你已設定好 Chef 並熟悉它的運作，讓我們看看如何利用 chef-docker 食譜腳本（cookbook），以 Chef 來管理 Docker 環境。

你可以在任何一種食譜腳本管理工具中安裝這個腳本，即可在 Chef 社群找到像是 Berkshelf、Librarian 與 Knife 食譜腳本管理工具（`https://supermarket.getchef.com/cookbooks/docker`）。

安裝與設定 Docker

安裝 Docker 是非常容易的，只需在執行清單中加入 `recipe[docker]` 指令即可，一例勝千言，我們就以本書的 `code.it` 專案為例，為其建立一個 Chef 食譜腳本（recipe）。

撰寫 Chef 腳本以 Docker 執行 code.it 專案

以下就是一個運行 `code.it` 容器的 Chef 食譜腳本：

```
# Include Docker recipe
include_recipe 'docker'

# Pull latest image
docker_image 'shrikrishna/code.it'

# Run container exposing ports
docker_container 'shrikrishna/code.it' do
  detach true
  port '80:8000'
  env 'NODE_PORT=8000'
  volume '/var/log/code.it:/var/log/code.it'
end
```

除了註解外的第一行指令要導入Chef-Docker腳本，`docker_image`
`'shrikrishna/code.it'` 指令的效果與在命令列中執行 $ docker pull
shrikrishna/code一樣，都是下載映像檔的意思，最後面的指令區塊則是與以
下指令相同：

```
$ docker run --d -p '8000:8000' -e 'NODE_PORT=8000' \
-v /var/log/code.it:/var/log/code.it' shrikrishna/ code.it
```

在 Puppet 中使用 Docker

PuppetLab的官網說到：

> "Puppet是個能讓你定義資訊基礎建設狀態的一個設定管理系統，提供自動
> 化以確保其處於正確的狀態，不論你管理的是幾台或數千台實體主機或虛
> 擬主機，Puppet協助並將系統管理者日常工作自動化，可減少管理者所花
> 費的時間與腦力，把重心放在可增加企業價值的專案上。"

Puppet的模組（modules）就像是Chef的食譜腳本，已有許多完整支援Docker
的模組，可使用以下指令安裝：

```
$ puppet module install garethr-docker
```

撰寫 Puppet manifest 以 Docker 執行 code.it 專案

以下是一個執行 code.it 容器的 Puppet manifest 範例：

```
# Installation
include 'docker'

# Download image
docker::image {'shrikrishna/code.it':}

# Run a container
docker::run { 'code.it-puppet':
  image   => 'shrikrishna/code.it',
  command => 'node /srv/app.js',
  ports   => '8000',
  volumes => '/var/log/code.it'
}
```

除 了 註 解 外 的 第 一 行 指 定 要 導 入 docker 模 組，docker::image
{'shrikrishna/code.it':}這行指令的效果與在命令列中執行 $ docker
pull shrikrishna/code 一樣，都是下載映像檔的意思，最後面的指令區塊則
是與以下指令相同：

```
$ docker run --d -p '8000:8000' -e 'NODE_PORT=8000' \
-v /var/log/code.it:/var/log/code.it' shrikrishna/ code.it node /srv/app.js
```

5.2 設定 apt-cacher

當你有多台 Docker 伺服器或建立多個不同的映像檔時，需要經常重複地下載軟
體套件，可以在伺服器與客戶端之間加入快取代理（caching proxy）的機制，它
可以在安裝時為套件檔案建立快取，如果你試著安裝一個已存在於快取的軟體
時，可直接從快取伺服器中取得資料，降低取得軟體套件的延遲時間並明顯加
快建置的流程。

讓我們來寫一個 Dockerfile 並設定一個 apt-cacher 伺服器：

```
FROM        ubuntu

VOLUME      ["/var/cache/apt-cacher-ng"]
RUN      apt-get update ; apt-get install -yq apt-cacher-ng
EXPOSE      3142
RUN      echo "chmod 777 /var/cache/apt-cacher-ng ;" +
"/etc/init.d/apt-cacher-ng start ;" +
"tail -f /var/log/apt-cacher-ng/*" >> /init.sh
CMD       ["/bin/bash", "/init.sh"]
```

上述的Dockerfile在映像檔中安裝了一個apa-cacher-ng套件,並開放3142通
訊埠(供其他容器使用)。

使用以下指令建置映像檔:

```
$ sudo docker build -t shrikrishna/apt_cacher_ng
```

執行並綁定公開的通訊埠:

```
$ sudo docker run -d -p 3142:3142 --name apt_cacher
shrikrishna/apt_cacher_ng
```

執行以下指令可觀察日誌(log):

```
$ sudo docker logs -f apt_cacher
```

在建置Dockerfile時使用apt-cacher

既然建了一個apt-cacher了,現在就可以在建置Dockerfile時使用它了:

```
FROM ubuntu
RUN  echo 'Acquire::http { Proxy "http://<host's-docker0-ip-here>:3142"; };'
 >> /etc/apt/apt.conf.d/01proxy
```

第二行指令中的<host's-docker0-ip-here>請置換爲你的Docker主機IP位
址(docker0介面),在建置這個Dockerfile時,如果遇到任何一個apt-get
install欲安裝一個已在先前安裝過的軟體套件時(任何映像檔),將不會再到

官方檔案庫抓取套件，而是直接從本地代理伺服器下載檔案，以便能在建置映像檔時加快套件安裝的速度，如果套件不在快取中，則會從官方檔案庫中下載並儲存在快取中。

 提示

apt-cacher只能使用在以Apt套件管理的Debian基礎的容器（例如Ubuntu）。

5.3 設定自己的 mini-Heroku

來點cool的東西吧，給門外漢看的，Heroku是一個平台即服務的雲端服務（PaaS），代表你只需要設計好應用程式再送交至Heroku，它會自動部署在 https://www.herokuapp.com 上，完全不需要煩惱它是如何或在那裏執行你的應用程式，只要PaaS支援你所使用的技術，就可以在本地端開發完並送交應用程式，就能在網路上公開地服務了。

目前有許多與Heroku類似的PaaS服務商，比較有名的如：Google App Engine、Red Hat Cloud與Cloud Foundry，Docker也是由類似的PaaS廠商－dotCloud。幾乎所有PaaS都使用預先設定好的隔離環境執行應用程式，而Docker讓PaaS的設定更加容易，不然也不會出現像Dokku這樣的專案了。Dokku使用與Heroku同樣的樣版與技術（如buildpacks、slugbuilder腳本），使用起來更爲容易，我們將使用Dokku來建立一個迷你型的平台即服務，並將code.it應用程式部署在上面。

 注意

以下步驟可以 **Virtual Private Server（VPS）** 或在虛擬機器中執行，而你的主機環境應該要有git與SSH功能。

使用 bootstrapper 腳本安裝 Dokku

可用一個名稱為bootstrapper的腳本安裝Dokku，在VPS或虛擬機器執行以下指令：

```
$ wget -qO- https://raw.github.com/progrium/dokku/v0.2.3/bootstrap.sh
| sudo DOKKU_TAG=v0.2.3 bash
```

 注意

Ubuntu 12.04的使用者必須在執行bootstrapper腳本前，先執行 `$ apt-get install -y python-software-properties` 指令。

bootstrapper腳本將會下載所有相依必要的檔案並設定Dokku。

使用 Vagrant 安裝 Dokku

1. 以git下載Dokku：

   ```
   $ git clone https://github.com/progrium/dokku.git
   ```

2. 在 /etc/hosts 檔案中加入SSH主機記錄：

   ```
   10.0.0.2 dokku.app
   ```

3. 在 ~/.ssh/config 檔案中設定SSH：

   ```
   Host dokku.app
       Port 2222
   ```

4. 產生一台虛擬機器：

   以下是一些需要設定的環境變數：

   ```
   # - `BOX_NAME`
   # - `BOX_URI`
   # - `BOX_MEMORY`
   ```

```
# - `DOKKU_DOMAIN`
# - `DOKKU_IP`.
cd path/to/dokku
vagrant up
```

5. 使用以下指令先複製SSH金鑰：

```
$ cat ~/.ssh/id_rsa.pub | pbcopy
```

以瀏覽器打開網址 http://dokku.app（先前已在/etc/hosts檔案中設定IP位址10.0.0.2）並貼上SSH金鑰，把在 Dokku Setup 畫面中的 Hostname 欄位更改為你的網域名稱，再勾選 Use virtualhost nameing 方塊，接著點擊 Finish Setup 開始安裝金鑰，之後將會被導向到應用程式部署的介紹頁面。

現在，你已經可以準備部署應用程式或安裝外掛了。

設定主機名稱並加入公鑰

我們的PaaS會為部署後的應用程式指派相同的子網域名稱，這代表本地主機必須可存取到Dokku所在主機與Dokku執行的機器。

設定一個通用的網域指向Dokku主機，在執行bootstrapper腳本後，請檢查在Dokku主機中的/home/dokku/VHOST檔案是否已設定為這個網域，這個檔案只會在dig指令查詢得到主機名稱時，才會被產生出來。

在這個範例中，我們已在/etc/hosts加入一筆記錄，設定了Dokku主機名稱為dokku.app（在本機中設定）：

```
10.0.0.2 dokku.app
```

也在~/.ssh/config檔案中設定了SSH通訊埠轉向規則（在本機中設定）：

```
Host dokku.app
    Port 2222
```

注意

依照維基百科的解釋，**Domain Information Groper (dig)** 是一個命令列的網路管理工具，可以用來查詢 DNS 名稱伺服器，給它一個網域名稱，它會回傳由伺服器查詢到的 IP 位址。

假如沒有自動產生 /home/dokku/VHOST 檔案，你就得手動產生並設定想要的網域名稱，如果在部署應用程式時未能找到該檔案，則 Dokku 會以通訊埠名稱公佈應用程式，而不是應有的子網域名稱。

剩下最後一個步驟，也就是上傳你的公鑰到 Dokku 主機並指定使用者名稱，執行以下指令：

```
$ cat ~/.ssh/id_rsa.pub | ssh dokku.app "sudo sshcommand acl-add
dokku shrikrishna"
```

請將上述指令中的 dokku.app 換成你自己的網域名稱，再將 shrikrishna 換成你的名字。

太好了！現在都準備好了，是時候部署我們的應用程式了。

部署應用程式

我們現在已擁有自己的 PaaS，可以部署自己的應用程式了，我們將部署的是 code.it 專案，你也可以部署自己的專案：

```
$ cd code.it
$ git remote add dokku dokku@dokku.app:codeit
$ git push dokku master
Counting objects: 456, done.
Delta compression using up to 4 threads.
Compressing objects: 100% (254/254), done.
Writing objects: 100% (456/456), 205.64 KiB, done.
Total 456 (delta 34), reused 454 (delta 12)
```

```
-----> Building codeit ...
       Node.js app detected
-----> Resolving engine versions

......
......
......

-----> Application deployed:
       http://codeit.dokku.app
```

就這麼簡單！現在有一個應用程式在我們的PaaS中運行了，更多有關Dokku可參考GitHub檔案庫：`https://github.com/progrium/dokku`。

如果你想要一個夠格適用於正式環境的PaaS，一定要參考一下Deis，官網為`http://deis.io/`，它提供支援多主機與多租戶功能。

5.4 設定一個高可用性服務

雖然Dokku很適合小型或次要專案，但可能不適合較大型的專案，大型部署基本上有幾個需求：

■ **平行擴充能力 (Horizontally scalable)**：一個單一伺服器能做的事就只有這麼多，當負載增加時，一個成長快速的公司會發現必須使用叢集伺服群才能負荷。在從前，這代表開始要建立資料中心，但在今日，代表要增加更多雲端運算。

■ **容錯能力 (Fault tolerant)**：就算訂定嚴格的交通規則也無法避免意外發生，同樣的，嚴密監控也很難保證不會發生當機情形，一個設計完善的架構可以處理錯誤並確保另一台伺服器可即時上線取代當掉的伺服器。

■ **模組化 (Modular)**：可能不是那麼顯而易見，模組化對於大規範部署來說非常重要，一個模組化的架構提供靈活性與未來擴充性（因為可因應規模與組織的成長而提供新元件）。

這絕不是一個詳盡的清單，但它代表要建置一個高度可用的服務，需要很多的工作，然而，正如我們現在看到的，Docker用於一台主機，而且沒有可用來管理叢集實例的工具（現在為止）。

這就是CoreOS出現的原因了，它是一個最小化的作業系統，單純地為了讓Docker能夠在大規模部署服務中占一席之地。它附帶了一個高可用性的鍵值資料庫etcd，可使用於設定的管理與服務探索（探索每個元件位於叢集的所在處），在〈第四章 自動化與最佳練習〉中談到etcd服務，它還配備了fleet，一個讓etcd能夠對整個叢集進行操作的工具，而不是只對單個實例。

> **注意**
>
> 你可以想像fleet是個systemd的擴充套件，只是fleet運作於叢集層級而不是單一機器層級，systemd是單一機器的啟動管理套件，而fleet是叢集群的啟動機制，你可在以下網址找到更多有關fleet的資訊：https://coreos.com/using-coreos/clustering/。

在本節中，我們將試著在具有三個節點的CoreOS叢集中部署標準範例專案code.it，這是個典型的例子，只是實際運行的多主機部署將更費工，但這只是個很好的開頭，它可以讓我們認識到，多年來，無論是硬體或軟體的偉大工作，使得人們可以更容易、更可能地部署高可用性的服務，這些工作直到幾年前都還只有大型資料中心才能做到。

安裝必要軟體套件

我們需要以下軟體才能進行後續範例：

1. **VirtualBox**：VirtualBox是個很受歡迎的虛擬機器管理軟體，各平台的安裝檔可在以下網址下載：https://www.virtualbox.org/wiki/Downloads。

2. **Vagrant**：Vagrant 是一個開放源碼工具，可視爲 Docker 專用的虛擬機器，可從以下網址下載：https://www.vagrantup.com/downloads.html。

3. **Fleetctl**：Fleet 簡單來說是一個分散式系統的啓動管理工具，代表它讓我們可以在叢集層級中管理服務。Fleetctl 是個執行 fleet 指令的命令列客戶端工具，使用以下指令即可安裝 fleetctl：

```
$ wget \ https://github.com/coreos/fleet/releases/download/v0.3.2/
fleet -v0.3.2-darwin-amd64.zip && unzip fleet-v0.3.2-darwin-amd64.zip
$ sudo cp fleet-v0.3.2-darwin-amd64/fleetctl /usr/local/bin/
```

開始並設定 Vagrantfile

Vagrantfiles 就像是 Vagrant 版的 Dockerfile，內容包括從那取得基礎虛擬機器、執行的指令與要啓動幾個虛擬機器的實例等，CoreOS 的檔案庫中提供了 Vagrantfile，可下載並在虛擬機器中使用 CoreOS，這是在開發環境中試用 CoreOS 的最佳方式：

```
$ git clone https://github.com/coreos/coreos-vagrant/
$ cd coreos-vagrant
```

上述指令在本地複製了 coreos-vagrant 專案，裏面有可以下載並啓動 CoreOS 虛擬機器的 Vagrantfile。

 注意

Vagrant 是用來建立與設定虛擬部署環境的免費開放源碼軟體，它可以視為是一個圍繞虛擬化軟體與配置管理工具的包裝，虛擬化軟體如 VirtualBox、KVM 或 VMWare，配置管理工具則像是 Chef、Salt 或 Puppet 等。你可以從以下網址下載 Vagrant：https://www.vagrantup.com/downloads.html。

在啓動虛擬機器之前，還有一些配置要做。

取得探索符記（discovery tokens）

每個CoreOS主機都執行一個etcd服務，以協調在主機上執行的服務，並與在叢集中機器執行的服務互動，為了達成這一點，這些etcd服務必須能相互查詢到彼此的所在。

CoreOS團隊建置了一個探索服務（https://discovery.etcd.io），它提供一個免費的服務，利用儲存同儕資訊以幫助etcd服務之間通訊。它的工作原理是提供一個不重複的符記當成叢集中的辨識基礎，在這個叢集中的每一個etcd服務使用探索服務，互相以這個符記辨識。而產生符記非常簡單，只需要送出一個GET請求到discovery.etcd.io/new網址即可：

```
$ curl -s https://discovery.etcd.io/new
https://discovery.etcd.io/5cfcf52e78c320d26dcc7ca3643044ee
```

現在請開啟位於coreos-vagrant目錄下的user-data.sample檔案，找到在etcd服務下方被註解掉設定discovery值的那一行，刪掉註解符號後，將剛才curl指令取得的符記貼在該行最後的<token>處，完成後將檔案更名為user-data。

 注意

user-data的用途為配置參數給在CoreOS中的cloud-config程式使用，Cloud-config的起源於cloud-init專案中的cloud-config檔，它將自己定位為啟動雲端實例的實際多重發行版本套件（cloud-init文件），簡單來說，它幫助配置各類參數，如欲開放的通訊埠、CoreOS中的etcd設定等。更多資訊可至以下網址取得：https://coreos.com/docs/cluster-management/setup/ cloudinit-cloud-config/ and http://cloudinit. readthedocs.org/en/latest/index.html。

以下是CoreOS的範例：

```
coreos:
  etcd:
    # generate a new token for each unique cluster from https://
discovery.etcd.io/new
    # WARNING: replace each time you 'vagrant destroy'
    discovery: https://discovery.etcd.io/5cfcf52e78c320d26dcc7ca3643044ee
    addr: $public_ipv4:4001
    peer-addr: $public_ipv4:7001
  fleet:
    public-ip: $public_ipv4
  units:
```

 提示

每次執行叢集時必須再產生一個新的符記，重複使用符記是無法運作的。

設定實例（instances）數量

在 coreos-vagrant 目錄中有一個檔案叫 config.rb.sample，找到檔案中被註解的 $num_instances=1，刪除註解符號並將1改為3，代表 Vagrant 將產生三個運行 CoreOS 的實例，最後將檔案儲存為 config.rb。

 注 意

config.rb 檔案內容設定 Vagrant 環境與叢集中的機器個數。

以下為 Vagrant 實例的範例：

```
# Size of the CoreOS cluster created by Vagrant
$num_instances=3
```

產生實例並確認狀態

現在我們已完成配置，現在就要在本機中執行叢集：

```
$ vagrant up
Bringing machine 'core-01' up with 'virtualbox' provider...
Bringing machine 'core-02' up with 'virtualbox' provider...
Bringing machine 'core-03' up with 'virtualbox' provider...
==> core-01: Box 'coreos-alpha' could not be found. Attempting to find
and install...
    core-01: Box Provider: virtualbox
    core-01: Box Version: >= 0
==> core-01: Adding box 'coreos-alpha' (v0) for provider: virtualbox
. . . . .
. . . . .
. . . . .
```

當機器被產生後，你可以SSH連進去試看看以下指令，但需要先將ssh金鑰加入
到你的SSH agent中，這樣才能讓SSH連線區段延伸到叢集中的其他節點中，
使用以下指令加入金鑰：

```
$ ssh-add ~/.vagrant.d/insecure_private_key
Identity added: /Users/CoreOS/.vagrant.d/insecure_private_key (/Users/
CoreOS/.vagrant.d/insecure_private_key)
$ vagrant ssh core-01 -- -A
```

現在讓我們確認機器是啓動的，要求fleet列出在叢集中執行的機器清單：

```
$ export FLEETCTL_TUNNEL=127.0.0.1:2222
$ fleetctl list-machines
MACHINE       IP              METADATA
daacff1d... 172.17.8.101 -
20dddafc... 172.17.8.102 -
eac3271e... 172.17.8.103 -
```

啟動服務

想要在新啓用的叢集中執行服務，必須先產生unit-files配置檔案，裏面描述
了在每台機器中要啓動的服務與一些關於如何管理這些服務的規則。

產生三個檔案，名稱分別爲code.it.1.service、code.it.2.service與
code.it.3.service，分別內容如下：

```
code.it.1.service
[Unit]
Description=Code.it 1
Requires=docker.service
After=docker.service

[Service]
ExecStart=/usr/bin/docker run --rm --name=code.it-1 -p 80:8000
shrikrishna/code.it
ExecStartPost=/usr/bin/etcdctl set /domains/code.it-1/%H:%i
running
ExecStop=/usr/bin/docker stop code.it-1
ExecStopPost=/usr/bin/etcdctl rm /domains/code.it-1/%H:%i

[X-Fleet]
X-Conflicts=code.it.*.service

code.it.2.service

[Unit]
Description=Code.it 2
Requires=docker.service
After=docker.service

[Service]
ExecStart=/usr/bin/docker run --rm --name=code.it-2 -p 80:8000
shrikrishna/code.it
ExecStartPost=/usr/bin/etcdctl set /domains/code.it-2/%H:%i
running
ExecStop=/usr/bin/docker stop code.it-2
ExecStopPost=/usr/bin/etcdctl rm /domains/code.it-2/%H:%i
[X-Fleet]
X-Conflicts=code.it.2.service

code.it.3.service

[Unit]
Description=Code.it 3
Requires=docker.service
After=docker.service

[Service]
```

```
ExecStart=/usr/bin/docker run --rm --name=code.it-3 -p 80:8000
shrikrishna/code.it
ExecStartPost=/usr/bin/etcdctl set /domains/code.it-3/%H:%i
running
ExecStop=/usr/bin/docker stop code.it-3
ExecStopPost=/usr/bin/etcdctl rm /domains/code.it-3/%H:%i

  [X-Fleet]
  X-Conflicts=code.it.*.service
```

你應該也發現這些檔案的模式了，`ExecStart`參數內啟動服務時必須執行的指令，對我們來說，這代表了執行code.it容器，`ExecStartPost`內的指令會在`ExecStart`參數成功完成後執行，以我們的範例來說，就是在服務可用時向etcd註冊狀態。相反的，`ExecStop`的指令將停止服務，`ExecStopPost`的指令則會在`ExecStop`指令完成後被執行，在本例即是從etcd服務中移除服務可用的狀態。

X-Fleet是CoreOS專用的語法，主要是告知fleet不能在一台機器中同時執行兩個服務（因為會搶同一個通訊埠）。現在萬事俱備，是時候將工作送至叢集：

```
$ fleetctl submit code.it.1.service code.it.2.service code.it.3.service
```

讓我們確認服務是不是成功地送交到叢集：

```
$ fleetctl list-units
UNIT                  LOAD    ACTIVE   SUB   DESC            MACHINE
code.it.1.service     -       -        -     Code.it 1   -
code.it.2.service     -       -        -     Code.it 2   -
code.it.3.service     -       -        -     Code.it 3   -
```

MACHINE欄位還是空白，還有ACTIVE狀態仍未設定，這代表我們的服務還未啟動，來啟動它吧：

```
$ fleetctl start code.it.{1,2,3}.service
Job code.it.1.service scheduled to daacff1d.../172.17.8.101
Job code.it.1.service scheduled to 20dddafc.../172.17.8.102
Job code.it.1.service scheduled to eac3271e.../172.17.8.103
```

接著使用以下指令以確認是否在執行中：

```
$ fleetctl list-units
UNIT               LOAD     ACTIVE    SUB       DESC
MACHINE
code.it.1.service  loaded   active    running   Code.it 1
daacff1d.../172.17.8.101
code.it.1.service  loaded   active    running   Code.it 2
20dddafc.../172.17.8.102
code.it.1.service  loaded   active    running   Code.it 3
eac3271e.../172.17.8.103
```

恭喜！你已經設定完全屬於自己的叢集！現在可以使用瀏覽器打開網址 172.17.8.101、172.17.8.102 或 172.17.8.103，你會看到 code.it 應用程式執行的結果。

在本例，我們只是設定了一組叢集機器執行一個高可用性的服務，如果再加入負載平衡機制，讓它能依照 etcd 服務中目前可用機器資訊以派送請求，那就代表完成了一個全面性的正式環境級服務，不過，這些設定可能已偏離主題，所以就留給你當練習了。

在此，我們來到了終點，Docker 仍在一個積極開放的階段，如同其他專案像是 CoreOS、Deis、Flynn 等。儘管我們在過去的幾個月看到許多很棒的東西出現，但更好的會不斷在未來出現，我們活在一個令人興奮的時代，讓我們做出最好的東西，並創造能讓世界變得更美好的事物，祝航行愉快！

5.5 總結

在本章，我們學習如何在 Chef 與 Puppet 中使用 Docker，再設定一個 apt-cacher 來加快套件下載速度，接著我們用 Dokku 設定一個私人的 PaaS 雲端服務，最後，我們使用 CoreOS 與 Fleet 設定了一個高可用性服務。恭喜！我們一起獲得建立容器的必要的 Docker 知識，使我們的應用程式能 "容器化"，甚至能在叢集中運作。旅程在此要結束了，但親愛的讀者，對你來說新的旅程才正要開始，本書原本就是協助你使用 Docker 建立下一個大事件而鋪下基礎，如果你喜歡這本書，到推特 (@srikrishnaholla) 叫我一下，如果不喜歡，也讓我知道如何能使它更好。